U0227766

从新手到高手

数字人+虚拟主播 +AI视频+AI音频 +AI产品造型

从新手到高手

雷剑／编著

清華大学出版社
北京

内 容 简 介

本书探讨了人工智能技术在多个领域的实际应用策略，内容主要涵盖了办公学习、信息咨询、艺术创作、数字人像构建、虚拟主播的呈现、AI驱动的视频与音频处理，以及AI辅助产品设计等前沿应用场景，并深入剖析了各种实用型AI软件的操作关键点，旨在降低读者独立探索AI工具所需的时间成本。

通过丰富的实践案例研究，本书生动地展示了AI解决方案如何在不同行业背景中发挥变革作用，提升运作效能，并重塑行业规则。这不仅有助于读者快速理解和吸收这些AI创新成果，还可以让读者将AI技术灵活应用于日常工作与生活场景中，以便更好地适应并引领未来工作环境因AI而带来的深刻变革。

本书适合对AI技术感兴趣，并希望将其应用于工作与生活的各类专业人士及普通读者，也可以作为相关院校的教材及辅导用书。

图书在版编目（CIP）数据

数字人+虚拟主播+AI视频+AI音频+AI产品造型从新手

到高手 / 雷剑编著. -- 北京：清华大学出版社，2024. 8.

（从新手到高手）. -- ISBN 978-7-302-66960-9

Ⅰ. TP18

中国国家版本馆CIP数据核字第20244SG843号

责任编辑：陈绿春
封面设计：潘国文
责任校对：徐俊伟
责任印制：刘　菲

出版发行：清华大学出版社
　　　　　网　　址：https：//www.tup.com.cn，　https：//www.wqxuetang.com
　　　　　地　　址：北京清华大学学研大厦A座　　　　邮　　编：100084
　　　　　社总机：010-83470000　　　　　　　　　邮　　购：010-62786544
　　　　　投稿与读者服务：010-62776969，c-service@tup.tsinghua.edu.cn
　　　　　质量反馈：010-62772015，zhiliang@tup.tsinghua.edu.cn
印　装　者：天津鑫丰华印务有限公司
经　　销：全国新华书店
开　　本：188mm×260mm　　　　　印　　张：11.75　　字　　数：365千字
版　　次：2024年10月第1版　　　　　印　　次：2024年10月第1次印刷
定　　价：88.00元

产品编号：105696-01

前言
INTRODUCTION

本书深入浅出地引导读者掌握并灵活应用人工智能技术，以应对生活与工作中的各种挑战。通过精心挑选一系列生动实用的 AI 应用案例，本书在读者与前沿科技之间搭建了一座畅通的桥梁。这些案例让读者无须耗费过多精力探索，便能直观地理解 AI 技术如何精细优化业务流程、显著提升工作效率，甚至挖掘出具有革命性的新型商业模式和服务方式。

全书内容丰富多彩，覆盖了智能化办公解决方案、情感计算在心理咨询的巧妙运用、教育领域 AI 驱动的学习工具开发，还深入探讨了视频音频信息处理技术的创新、数字人交互设计的最新进展等话题。这种跨领域的融合特色，使本书适合各行各业的读者阅读。读者可以从中借鉴不同领域的 AI 应用经验，激发创新思维，从而有效应对 AI 时代所带来的变革，推动职业生涯和行业创新迈向新的高度。

第 1 章和第 2 章主要关注 AI 在人们的日常生活和工作中的便捷性和实用性。书中详细展示了 AI 如何提供个性化服务，例如解决情感咨询问题以及智能规划旅行景点的最佳摄影位置，使 AI 成为人们日常生活的得力助手。同时，还深入揭示了 AI 在文档生成方面的强大能力，如自动生成规范文本、撰写创意广告文案等。

第 3 章至第 5 章深入到视觉艺术与技术结合的层面，详细讨论了 AI 在绘画创作、摄影优化以及设计领域的应用实例和技术细节。这些章节通过生动的案例，让读者了解到 AI 如何在艺术创作和设计领域发挥巨大作用。

第 6 章和第 7 章聚焦于行业应用，介绍了 AI 在电商（如智能推荐、精准营销）、教育（如在线辅导、个性化学习路径规划）行业内的具体实践案例。通过这些案例，读者可以深入了解 AI 如何推动产业升级和业务创新。

第 8 章至第 11 章进一步拓展到多媒体内容的智能化，深入分析了 AI 在图片处理、音频处理（如语音识别、音乐生成）、视频制作（如智能剪辑、特效添加）及数字人技术（如虚拟主播、智能客服）等方面的实际应用及其发展潜力，并且讲述了利用 AI 进行副业创新的方法。

笔者衷心提醒广大读者，在学习和应用 AI 技术的过程中，应深刻理解其底层逻辑，保持敏锐的洞察力，积极参与实践交流，坚持终身学习，并不断培养创新思维。这五大核心理念将助力读者紧跟 AI 技术发展的步伐，充分发掘并释放 AI 在各行业领域的巨大潜能。

特别说明：在本书的编写过程中，参考并采纳了当时最新的 AI 工具界面截图和功能作为实例。然而，由于书籍从编撰到最终出版存在一定的时间周期，其间 AI 工具可能会经历版本更新或功能调整。因此，实际用户界面和部分功能可能与书中描述略有差异。请读者在阅读和学习时，结合本书的基本理念和原理，灵活应用当前所使用的 AI 工具界面和功能。获取本书的相关资源请扫描右侧的二维码。

相关资源

编　者

2024 年 9 月

目录
CONTENTS

第3章

运用 AI 推动绘画创作智能化

第4章

AI 绘画创作具体案例

第5章

运用 AI 驱动设计领域智能化创新

第6章

利用 AI 为电商降本增效

第7章

利用 AI 实现教育领域的个性化教学

第8章

利用 AI 分离音频、克隆音频

第9章

利用 AI 自动化生成视频

第10章

AI 在塑造与驱动数字人中的实践应用

第11章

AI 驱动下的副业创新

第1章

借力 AI 推动生活场景智能化升级

1.1 AI助力情感问题的解答

1.1.1 "文心一言"简介

"文心一言"是百度公司研发的一款领先的人工智能大语言模型。现阶段,"文心一言"提供了 3.5 和 4.0 两个版本的大模型供用户选择使用。其中,3.5 版本面向所有用户开放,而功能更为强大的 4.0 版本则为会员专属,它带来了全面的性能提升,让会员用户在 3 小时内能够无限制地享受高达 100 次的问答服务。

"文心一言"展现了五大杰出能力,包括文学创作、商业文案创作、数理逻辑推算、精准的中文理解以及多模态生成,这些能力极大地丰富了搜索问答、内容创作、智能办公等多个领域的应用场景。

目前,无论你需要什么,只需要在"文心一言"官方网站上呼叫它,它都会立刻回应你。此外,"文心一言"也推出了便捷的 App 版本,方便用户随时随地获取信息。下面将重点介绍"文心一言"网页版的咨询答疑功能。这一功能凭借其高效、准确的特性,已经成为用户解决问题、获取知识的得力助手。无论问题多么复杂,"文心一言"都能提供及时、详尽的解答,满足用户的各类需求。

1.1.2 基本用法与注意事项

01 进入"文心一言"首页,如图1-1所示。

图 1-1

02 在下方的文本框中,可以输入任何想要咨询的问题。为了让大家更好地理解,笔者先以一个问题为例,来展示文心大模型3.5版的回答效果。如图1-2所示,笔者在文本框中精心构思了一个问题并输入。特别提示:在输入问题时,若需换行,要同时按下Shift+Enter键。

03 按下Enter键或单击文本框右侧的箭头按钮，系统将即刻生成问题的答案。如图1-3所示，AI已就笔者所提问题给出了详尽的回答。

图 1-2   图 1-3

04 从回答内容来看，文心大模型3.5给出的回答虽然中规中矩，基本上能够解答笔者的疑问，但并未达到笔者心目中的理想答案，且回答相对简略。由此可见，提问的艺术同样重要。接下来，笔者将分享一些技巧，教大家如何更有效地利用AI进行提问。

- 一个关键的技巧是换位思考，即将AI代入特定的角色和立场。在提问时，我们可以为AI设定一个具体的角色，使其从该角色的视角来回答问题。例如，针对之前的问题，笔者为AI赋予了情感咨询师的角色，并输入了具体的文字指令，如图1-4所示。这样，AI就能更贴近实际需求，给出更具针对性的回答。只需单击右侧箭头按钮，问题答案便会立刻生成。当AI代入情感咨询师角色后，所给出的回答如图1-5所示，更加贴近和深入。

图 1-4

图 1-5

- 明确提出要求——确保AI清晰理解其回答任务。在提问时，我们应明确指出所需回答的主要结构要求和内容要点，从而规范AI的回答格式，使其更贴近我们心目中的理想答案。例如，针对之前的问题，笔者进一步细化了要求，让AI生成一份详尽的报告。这份报告需包含问题的成因、具体表现、所产生的影响以及规避建议等多个方面。具体的提问指令如图1-6所示，这样的细化有助于我们获得更全面、深入的解答。单击右侧箭头按钮，问题答案即刻生成。在明确了回答要求后，AI提供了一份详尽的报告，涵盖了引言、形成原因、具体表现、影响和规避建议五大部分。笔者截取了其中的部分内容，如图1-7所示。

图 1-6　　　　　　　　　　　　　　　　　　　图 1-7

- 利用插件功能——让AI结合专业插件，生成更为专业和详尽的内容。目前，"文心一言"配备了说图解画、览卷文档、E言易图、商业信息查询、TreeMind树图以及百度等六大实用插件。为确保信息的实时性和准确性，"文心一言"已默认启用百度搜索插件，并且此插件暂时无法关闭。此外，用户还可以选择最多3个其他插件来辅助回答问题。接下来，将详细介绍前5个插件的功能。

  » 说图解画：此插件能够根据上传的图片进行文字创作和回答问题，帮助用户构思文案和故事。请注意，目前仅支持上传大小在10MB以内的图片。

  » 览卷文档（原ChatFile）：该插件可以处理文档，完成摘要、问答和创作等任务。支持处理10MB以内的文档，但不适用于扫描件。

  » E言易图：这个插件基于Apache Echarts，提供数据分析和图表制作功能，支持柱状图、折线图、饼图、雷达图、散点图、漏斗图以及思维导图（树图）等多种图表类型。

  » 商业信息查询：此插件由爱企查提供，具备商业信息检索能力，方便您查询企业工商信息、上市信息，以及老板的任职和投资情况等。

  » TreeMind树图：这是一款新一代的AI人工智能思维导图软件。其为用户提供了智能思维导图制作工具和丰富的模板，支持脑图、逻辑图、树形图、鱼骨图、组织架构图、时间轴、时间线等多种专业格式。

  具体的操作步骤如下。

01 单击文本框左上方的"选择插件"按钮，插件菜单便会立刻呈现，如图1-8所示。只需选中所需插件，便能迅速生成相应的内容。

图 1-8

02 为查询某公司的具体情况，笔者决定借助AI的力量来寻求答案。在未选择任何插件的情况下，笔者在文本框中输入了问题："北京智者天下科技有限公司的股东是谁？"随后，AI迅速给出了回应，答案如图1-9所示。

图 1-9

03 为了获取更精确、更专业的信息，笔者选择了"商业信息查询"插件，并在文本框中输入了与之前相同的问题："北京智者天下科技有限公司的股东是谁？"这次，AI给出的回答明显更加详尽和准确，具体内容如图1-10所示。

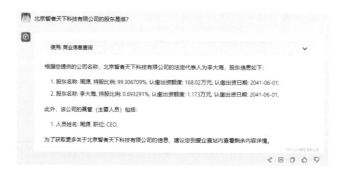

图 1-10

除了强大的 AI 解答功能，"文心一言"还提供了非常全面的写作和问答模板。用户只需单击首页右上角的"一言百宝箱"按钮，便能轻松进入模板中心。在这里，可以根据自己的实际需求，挑选出最适合的模板，实用性极高。图 1-11 展示了一言百宝箱的模板界面。

图 1-11

除了"文心一言"，还有通义千问、智谱清言等众多 AI 工具，均能够解答情感类问题，并提供其他帮助。

1.2　AI帮助梦境内容的解读

1.2.1　"好机友"简介

"好机友"是北京点智文化公司精心打造的一款全方位 AI 工具，它涵盖了 AI 智能对话问答、AI 绘画以及 AI 写作三大核心功能。这款 AI 工具不仅功能强大，而且应用领域广泛，涵盖了专家顾问团支持、产品运营辅助、人力资源优化、企业管理提升、写作辅导助力以及效率工具增强等多个板块。其界面设计简洁直观，操作便捷，为用户提供了极致的使用体验。

1.2.2　基本用法与注意事项

01　进入"好机友"网站，注册并登录账号，如图1-12所示。

图 1-12

02　在首页中，可以找到涵盖各种领域的内容模板，只需根据自己的需求进行选择即可。例如，想利用"好机友"进行解梦，只需单击"周公解梦"下的"使用"按钮，即可立即进入AI对话界面，开始你的解梦之旅，如图1-13所示。

图 1-13

03 在下方文本框中输入你的梦境内容，然后单击右侧的箭头按钮，即可开始解梦。图1-14展示了笔者输入的梦境内容及AI给出的梦境解析。

图 1-14

除了上述功能，"好机友"的 AI 写作和 AI 绘画功能同样不容小觑。在 AI 写作中，用户可以轻松创作电子邮件、消息、评论、段落、文章、博客文章等各种文本内容。更为出色的是，用户还可以根据自己的需求选择不同的写作风格和语言，以满足多样化的创作要求。AI 写作界面如图 1-15 所示，为创作者们提供了极大的便利和创新空间。

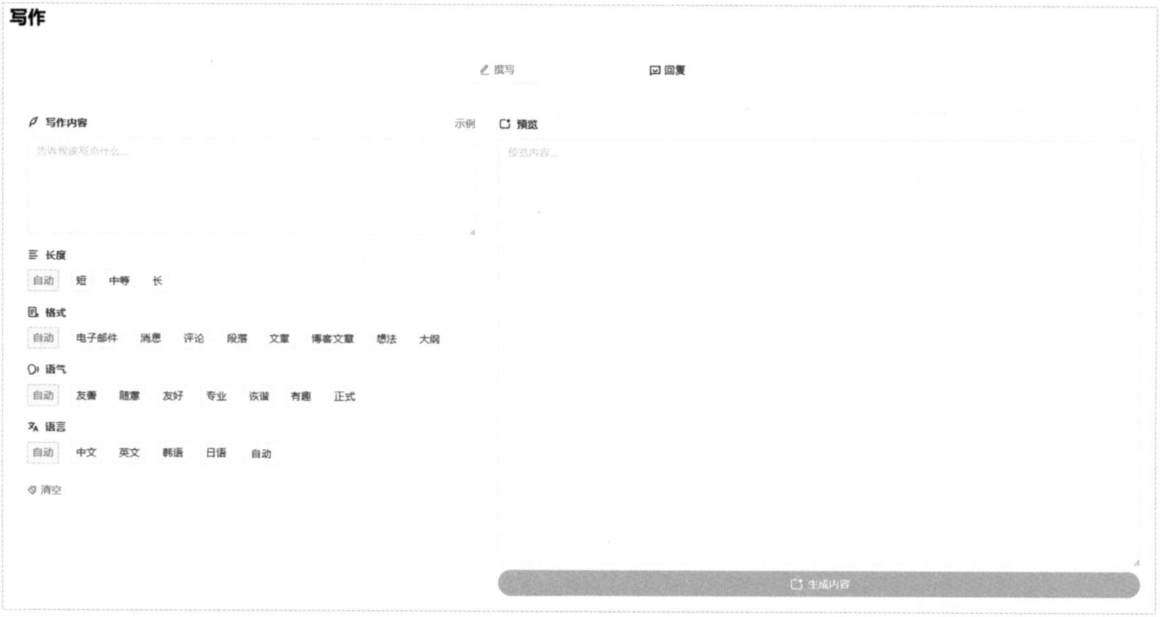

图 1-15

在 AI 绘画功能中，用户可以借助图生图、图生文、融图等强大功能，轻松快捷地生成所需的图片，或者根据提供的图片迅速获取相应的提示词。这种智能化的操作方式大大提升了绘画的效率和趣味性。AI 绘画界面如图 1-16 所示，为用户带来了全新的绘画体验。

图 1-16

1.3　AI实现景点拍照机位的规划

1.3.1　"智谱清言"简介

"智谱清言"是北京智谱华章科技有限公司精心研发的一款生成式 AI 助手工具。它依托于智谱 AI 独立开发的双语对话模型 ChatGLM2，已经对万亿字符的文本和代码进行了预训练，并采用了有监督微调技术。因此，"智谱清言"能够以通用对话的形式为用户提供高度智能化的服务，无论是解答问题还是完成任务，都能在工作、学习和日常生活中发挥举足轻重的作用。

与其他同类 AI 工具相比，"智谱清言"的灵感大全功能板块汇聚了众多实用模板，这些模板大多围绕生活细节展开，具有极高的实用性。例如，"幼儿园礼仪穿搭""聚会小游戏""宝宝起名""宠物起名""地方美食特色"以及"微信网名定制"等模板，都为用户提供了贴心的帮助。

接下来，将详细介绍如何使用智谱清言 AI 来规划景点拍照机位，让你轻松捕捉到每一个美丽瞬间。

1.3.2　基本用法与注意事项

01　进入"智谱清言"首页，注册并登录账号，如图1-17所示。

图 1-17

02 在文本框中输入相关文本，"智谱清言"便能迅速生成你想要的内容。此外，还可以在界面右侧的"灵感
大全"中找到所需的板块进行创作。若想用AI来规划景点拍照机位，只需单击"拍照机位"按钮，对话框
中便会出现系统默认的对话模板。系统为上海迪士尼乐园推荐的拍照机位如图1-18所示。

图 1-18

03 单击上方对话文本框，内容将自动复制到下方文本框中，可以根据自己的需求更改拍照景点。例如，如果
想在北京故宫拍照，只需在下方文本框中输入相关文本，如图1-19所示，然后系统将为你规划适合的拍照
机位。

图 1-19

04 单击右侧的箭头按钮，系统便会立刻生成拍照机位的内容。例如，针对北京故宫，AI所推荐的拍照机位如
图1-20所示。

图 1-20

05 除此之外，"智谱清言"还具备出色的文档解读能力。只需上传文档，便能针对文档内容进行专业的问题

解答。这种智能化的文档处理方式不仅更加直观，而且大幅提高了工作效率，如图1-21所示。

图 1-21

1.4　AI的MBTI性格测试

1.4.1　"扣子"简介

　　"扣子"（Coze）是字节跳动旗下的一款 AI 聊天机器人开发平台。该平台专注于提供全方位、一站式的服务，旨在帮助用户以极低的开发难度，甚至无须编写任何代码，便能迅速创建和定制出具有个性化的 AI 聊天机器人。

1.4.2　基本用法与注意事项

01　进入"扣子"首页，注册并登录账号，如图1-22所示。

图 1-22

02 单击界面左侧菜单中的"Bot商店"按钮，将进入如图1-23所示的界面。在Bot商店中，可以找到各式各样的聊天机器人，根据需求进行选择即可。

图 1-23

03 在Bot商店界面的右上角搜索框中输入"MBTI性格测试专家"，然后单击搜索结果中与MBTI性格测试相关的机器人按钮，即可进入MBTI性格测试界面，如图1-24所示。

图 1-24

04 单击文本框上方的提示文字"请直接出题，帮我进行MBTI测试，谢谢。"此时AI将开始出题。只需根据个人情况，在相应的字幕选项中输入你的选择，如图1-25所示。

图 1-25

05 当回答完所有测试题后，系统将立即生成MBTI性格测试结果，具体结果如图1-26所示。

图 1-26

除了进行 MBTI 性格测试，还可以向系统询问与 MBTI 性格相关的其他问题，例如如何与不同 MBTI 性格类型的人相处，或者如何更好地发挥和利用自己的 MBTI 性格优势等。

第 2 章

利用 AI 提升办公智能化水准

2.1 AI实现格式化文档创作

2.1.1 用WPS创作格式化文档

1．WPS 简介

WPS 作为金山办公推出的国内首款类 ChatGPT 式协同办公应用软件，于 2023 年 4 月 18 日正式问世。它融合了 AIGC、阅读理解和问答、人机交互等尖端技术，能够将 AI 生成的内容无缝嵌入文档中，并根据文档的具体格式进行实时调整。

WPS 不仅提供了起草、改写、总结、润色、翻译、续写等多样化功能，还能轻松生成工作总结、广告文案、社交媒体推文、文章大纲、招聘文案、待办事项、创意故事以及旅行游记等丰富内容。在与 AI 的互动中，用户更可以灵活地插入一篇或多篇已有文档作为参考，确保生成的内容与原有风格高度契合。

2．基本用法与注意事项

01　启动WPS，单击"智能文档"按钮，如图2-1所示。注意：在普通文档中按两次Ctrl键，即可召唤出WPS AI程序。

图 2-1

02　建好文档后，进入如图2-2所示的界面。

图 2-2

03　单击WPS AI按钮，选择要编写的文档类型，并开始创作，如图2-3所示。

图 2-3

目前，WPS AI 可以起草"文章大纲""头脑风暴""新闻稿""广告文案""会议提纲""待办列表""SWOT分析""运营策划案""演讲稿"等 18 个类型的文档，也可以从"灵感集市"中选择模板，并一键套用生成，其涵盖的领域范围十分广阔，"灵感集市"的窗口如图 2-4 所示。

图 2-4

接下来介绍几个 WPS AI 不同类型文本的使用方法。

3．用 WPS AI 创作新闻稿

01　单击WPS AI中的"新闻稿"按钮，在文本框中输入新闻主题，此处输入"冬季流感高发"的新闻主题，如图2-5所示。

图 2-5

02　单击文本框右侧的箭头按钮，AI自动生成新闻稿，此时生成的新闻稿如图2-6所示。

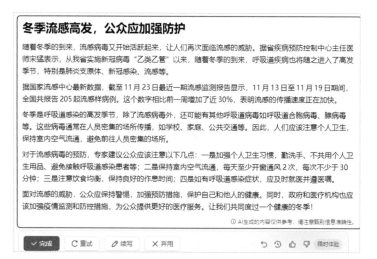

图 2-6

03 如果对生成的新闻稿不满意，可以单击文本下方的"重试"按钮或者"续写"按钮。单击"重试"按钮，可以清除已生成的文本并重新生成新文本；单击"续写"按钮，保留已生成的文本继续生成新文本。

04 单击"完成"按钮，文本自动填充到在线文档中，并可以对其进行修改优化，如图2-7所示。

图 2-7

4. 用 WPS AI 创作招聘岗位介绍文稿

01 单击WPS AI中的"招聘岗位介绍"按钮，在文本框中输入岗位名称，此处输入"新媒体运营"的岗位名称，如图2-8所示。

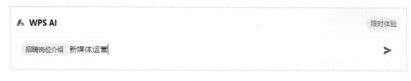

图 2-8

02 单击文本框右侧的箭头按钮，WPS AI 自动生成岗位介绍文本，如图2-9所示。

图 2-9

03 同样，若对生成的新闻稿不满意，可以单击文本下方的"重试"按钮或者"续写"按钮。单击"完成"按钮即可进行编辑优化。

5. 用 WPS AI 创作教学教案

01 单击WPS AI中的"教学教案"按钮，在文本框中输入主题，此处输入"朱自清《春》"的主题，如图2-10所示。

图 2-10

02 单击文本框右侧的箭头按钮，WPS AI 自动生成教学教案，如图2-11所示。

图 2-11

03 如果对生成的新闻稿不满意，可以单击文本下方的"重试"按钮或者"续写"按钮。单击"完成"按钮即可对现有文稿进行编辑优化。

6．用 WPS AI 撰写劳动合同

01 单击WPS AI中的"灵感集市"按钮，在搜索指令框中输入"劳动合同"，显示结果如图2-12所示。

02 单击"劳动合同模板"中的"使用"按钮，出现如图2-13所示的界面。

图 2-12　　　　　　　　　　　　　　　　图 2-13

03 在需要填写的文本框中输入内容，此处输入的合同内容如图2-14所示。

04 单击文本框右侧的箭头按钮，WPS AI自动生成劳动合同。同样也可以对其重新生成或编辑优化。此处生成的劳动合同如图2-15所示。

图 2-14　　　　　　　　　　　　　　　　图 2-15

7．用 WPS AI 撰写租房合同

01 单击WPS AI中的"灵感集市"按钮，在搜索指令框中输入"租房合同"，显示结果如图2-16所示。

图 2-16

02 根据需求选择合适的模板，单击图标中的"使用"按钮，出现如图2-17所示的界面。

图 2-17

03 在需要填写的文本框中输入内容，此处输入的合同内容如图2-18所示。

04 单击文本框右侧的箭头按钮，WPS AI自动生成合同。同样也可以对其重新生成或者编辑优化。此处生成的租房合同如图2-19所示。

图 2-18　　　　　　　　　　　　　　　　　图 2-19

2.1.2　用"笔灵"创作格式化文档

1. "笔灵"简介

"笔灵"是一款集 AI 写作助手与智能工具于一身的先进软件。通过"笔灵"，用户可以享受文章改写、论文辅助以及商业计划书撰写等多元化服务。

在众多 AI 写作工具中，"笔灵"独具匠心，它专注于深耕专业创作领域，提供的功能异常强大。特别是在"办公"和"机关单位"的应用场景中，"笔灵"的服务显得更为精细和专业。

值得一提的是，"笔灵"也为普通用户提供了免费体验的机会。每位用户都可以免费生成最多500字的内容，以体验"笔灵"带来的高效与便捷。然而，若需要生成超过 500 字的内容，则需要选择付费服务，以享受更多高级功能和个性化定制服务。

总的来说，"笔灵"以其强大的功能和专业的服务，在众多 AI 写作工具中脱颖而出，无论是免费体验还是付费服务，都能满足不同用户的需求，是你写作路上的得力助手。

2. 基本用法与注意事项

01 进入"笔灵"首页，注册并登录账号，如图2-20所示。

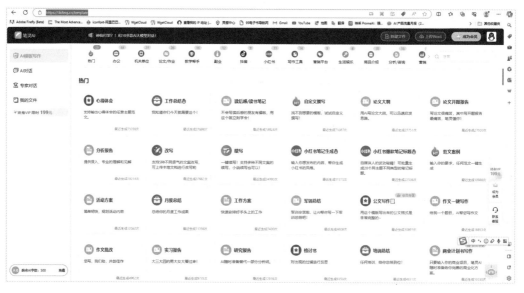

图 2-20

02 单击左侧菜单的"AI模板写作"按钮，将能够利用现成的模板进行专业领域的内容创作。值得一提的是，"笔灵"提供了涵盖"办公""机关单位""论文/作业""教学帮手""抖音""小红书"等14个专业领域的200多套精心设计的模板，极大提升了使用的便捷性。为了更直观地展示，笔者特别截取了"办公"和"机关单位"的部分模板，分别如图2-21和图2-22所示。

图 2-21   图 2-22

03 此处想要写一篇工作总结，单击"办公"模板中心的"工作总结"按钮，在文本框中输入内容，如图2-23所示。

图 2-23

04 单击下方的"生成内容"按钮，即可生成一篇完整的工作总结，还可以在文档中利用"扩写""改写""简写""续写"等工具编辑优化,"笔灵"生成的内容如图2-24所示。注意:"改写"和"续写"功能需要开通会员才可以使用。

图 2-24

05 编辑完成后,单击界面右上角的"导出Word"按钮,即可保存文档至本地。

06 单击首页左侧菜单中的"AI对话"按钮也可以进行创作,只需要输入诸如"请帮我写一篇小红书风格的文案"等文字,AI即可生成想要的内容,AI对话操作界面如图2-25所示。

图 2-25

2.2　AI实现图文生成

2.2.1　"秘塔写作猫"简介

秘塔写作猫,这款由上海秘塔网络科技有限公司倾力打造的人工智能写作辅助软件,具备出色的错别字纠正和语法错误检查功能。其广泛的适用性使其不仅在新闻、论文、公众号文章和法律文件等多个领域大放异彩，更能满足创作者的多元化设计需求。

目前，"秘塔写作猫"已全面登录iOS、安卓以及网页平台。无论是通过网页版还是手机App版登录同一账号，用户都能无缝同步并查看保存在"我的文档"中的文章，实现了真正的多平台互通。

需要注意的是，对于普通用户而言，"秘塔写作猫"在生成字数上设有一定的限制。当超过免费生成字数后，用户需要选择付费使用以继续享受服务。此外，部分特色模板也需额外付费。

接下来，将详细介绍如何使用网页版"秘塔写作猫"来生成图文并茂的文章和文案。

2.2.2　基本用法与注意事项

01　进入"秘塔写作猫"首页，注册并登录账号，如图2-26所示。

图 2-26

02　单击"快速访问"区域中的"AI写作"按钮，进入模板写作中心。这里汇聚了"全文写作""论文灵感""小红书种草文案""方案报告""短视频文案"等14个不同场景领域的专业应用创作模板，如图2-27所示。但请注意，在这14个功能板块中，"批量生成"功能是需要付费才能使用的。此外，对于普通用户，也设置了字数试用限制。

图 2-27

03　此处想要创作一篇完整的故事文章，单击"全文写作"按钮，进入如图2-28所示的界面。

图 2-28

04 将对生成的文章进行详细设置。输入文章的标题，并选择期望的文章篇幅。同时，还可以选择是否需要配图，并设定摘要的条数。为了展示这一过程，演示如何生成一篇关于"拯救海洋生物"的文章。图2-29详细展示了具体的输入内容和设置选项。

图 2-29

05 单击"下一步"按钮，进入如图2-30所示的界面，对摘要做进一步的确认，可以进行编辑或重新生成摘要。

06 单击"下一步"按钮，即可生成大纲，此处通过AI生成了7个章节的大纲，大纲内容如图2-31所示。同样可以对生成的大纲内容进行修改编辑。

图 2-30

图 2-31

07 单击"下一步"按钮，即可生成文章内容，AI自动生成了一篇关于"拯救海洋生物"的图文并茂的文章，如图2-32所示。

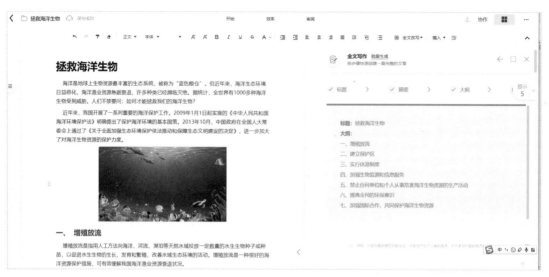

图2-32

08 在对文章进行编辑优化时，除了可以调整格式，还可以进行AI改写，单击上方的"全文改写"菜单，会出现"普通改写""强力改写""保守改写""古文改写"4种AI改写方式的选项。注意：AI改写功能需要付费才可使用。

09 单击右侧的"提示"按钮，可以进行"内容建议""全文总结""全文翻译""全文改写"。注意："全文翻译"普通用户每日可免费使用一次，"内容建议""全文总结""全文改写"都是需要付费使用的。此处使用"全文翻译"功能翻译文章，如图2-33所示。

图2-33

10 "秘塔写作猫"的另一个特色功能是可以批量生成文案或文章，若想要批量生成文案，单击"文章裂变"按钮，进入如图2-34的界面。

11 在文本框中输入文案原文，笔者输入的文案原文如图2-35所示。

图 2-34　　　　　　　　　　　　　　　　　　　　图 2-35

12 设置好"文案条数"值，单击下方的"生成内容"按钮，即可生成相应数量的文案内容。此处设置了10条文案，生成的具体文案内容如图2-36和图2-37所示。

图 2-36　　　　　　　　　　　　　　　　　　　　图 2-37

13 若对文案内容不满意，可以单击下方的"换一批"按钮，重新生成文案。

2.3　AI助力批量生成广告标题

2.3.1　"天工"简介

"天工"是由昆仑万维与奇点智源共同研发的一款领先的大语言模型，它是继昆仑万维成功推出 AI 绘画产品"天工巧绘"之后的又一力作，作为其第二款生成式 AI 产品，它以问答式交互为核心，为用户提供了一个与"天工"进行自然语言沟通的平台。在这里，用户可以轻松获取到生成的文案、知识问答、代码编程、逻辑推演以及数理推算等多元化服务。

相较于其他 AI 写作工具，"天工"独具优势，能够便捷地利用模板生成广告语、标题等实用内容，非常适合日常应用，而且这款工具完全免费，无须支付任何费用。

目前，"天工"提供了 App 版和网页版供用户选择，虽然呈现形式不同，但两者的功能板块是完全一致的。对于追求操作便捷性的用户来说，App 版无疑是一个更佳的选择，因为它能随时随地为用户提供服务。接下来，我们将详细介绍如何使用 App 版"天工"来生成广告标题。

2.3.2 基本用法与注意事项

01 打开天工App，注册并登录账号，如图2-38所示。

02 "天工"有许多创作模板，单击"AI创作"中的"更多模板"按钮进入模板中心。其中包括"营销与广告""创意写作""职场文档""学术教育"4个领域的模板。只需要填写相关内容，即可一键生成想要的内容，如图2-39所示。此处想要生成一个广告标题，接下来具体介绍关于"广告标题"的创作方法。

图 2-38   图 2-39

03 单击"营销与广告"中的"广告标题"按钮，填写"公司或产品名称"和"产品的主要优点或功能"，此处想要生成一个关于摄影课程的广告标题，填写的内容如图2-40所示。

04 单击"开始创作"按钮，即可一键生成广告标题，此处生成的标题如图2-41所示。

图 2-40

图 2-41

05 若对生成的内容不满意，可以单击"再来一次"按钮重新生成。同样，生成的内容可以添加至文档以便修改、保存。

2.4　AI实现文学作品的鉴赏

2.4.1　"豆包"简介

　　"豆包"是字节跳动公司基于云雀模型研发的 AI 工具，集聊天机器人、写作助手和英语学习助手等多重功能于一身。它不仅能回答各类问题、进行深度对话，还能协助用户快速获取所需信息。"豆包"支持网页平台、iOS 和安卓。

　　与其他 AI 写作工具相比，"豆包"特别适合用于简单的作品鉴赏、故事片段撰写等。此外，还可以创建自己的智能体进行对话，增加了互动性和个性化体验。但请注意，在输入特定优化指令时，"豆包"可能无法完全精确地按照指令生成内容，需要用户稍作调整。

2.4.2　基本用法与注意事项

01　进入"豆包"首页，注册并登录账号，如图2-42所示。

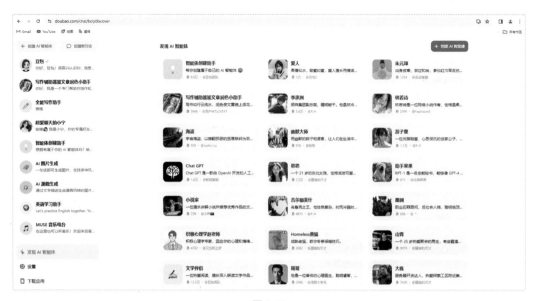

图 2-42

02 虽然这款AI工具的名字叫作"豆包"，但它不只拥有"豆包"一个智能体。在默认页中，可以找到众多AI智能体的聊天界面，除了AI机器人"豆包"，还有英语学习助手、全能写作助手、超爱聊天的小宁以及AI漫画生成等多样化的AI助手。这些智能体为用户提供丰富的AIGC服务，涵盖多语种和多功能，例如问答、智能创作以及聊天等。特别值得一提的是，除了"豆包"团队提供的22个默认智能体，其他智能体都是由用户自行创建的，这一特性极大地提升了用户体验和个性化需求。

03 单击左侧菜单中的"发现AI智能体"按钮，进入智能体库界面，输入"昵称"和相应信息后，单击底部的"创建AI智能体"按钮，即可创建自己的智能体，如图2-43所示。

04 接下来介绍"豆包"智能体的使用方法。单击左侧菜单栏中的"豆包"按钮，在对话框中输入想要发送的内容指令。此处想要对文学作品进行鉴赏，在文本框中输入"请写一篇关于余华《活着》的小说阅读鉴赏"，生成的内容如图2-44所示。

图 2-43

图 2-44

05 此时生成的作品鉴赏内容可能相对浅显且篇幅有限，为了得到更加深入且完整的鉴赏文章，需要对输入的文字指令进行相应的调整。对于作品鉴赏来说，明确的指令能够确保AI生成的内容更符合我们的期望。因此，在输入指令时，需要明确内容要求和鉴赏的结构。为了得到一篇关于余华《活着》的全面阅读鉴赏，此处对文本指令进行了精细调整，具体要求如下："请从文本分析、主题识别、情感体验、语言分析以及评价鉴赏等多个方面，撰写一篇关于余华《活着》的小说阅读鉴赏，鉴赏内容应控制在大约1500字。"如图2-45所示。这样的指令调整有助于引导AI生成更加深入、全面的鉴赏文章。

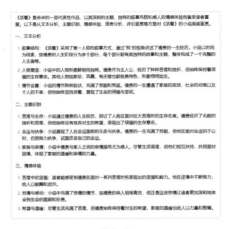

图 2-45

2.5　AI助推PPT制作的高效化

　　鉴于 WPS 已在之前提及，此处不再赘述。接下来，将聚焦于 WPS 在 PPT 制作领域的应用。WPS 为 PPT 制作带来了诸多便利，其中最为显著的特点是实现了一端多用以及格式互转的功能。用户能够轻松地将 PPT 转化为 PDF 文档、图片等多种格式，操作简便且高效。接下来，将详细介绍其基本用法及需要注意的要点。

01　打开WPS，单击"新建PPT"按钮，在上方菜单栏单击WPS AI按钮，出现如图2-46所示的界面。

图 2-46

02　在文本框中输入幻灯片的主题并选择篇幅大小，单击"智能生成"按钮。此处想要创作一个关于人工智能发展的短篇PPT，在文本框中输入"人工智能的发展"，选择"短篇幅"选项，如图2-47所示。

图 2-47

03　WPS生成的幻灯片分为"封面""目录""章节""正文"4大部分，可以选中文字对其进行修改优化。此处生成的关于人工智能发展的PPT总共27页，部分文字内容如图2-48所示。

图 2-48

04 文字内容优化完成后，单击"立即创建"按钮，生成完整的幻灯片，生成的速度较快，如图2-49所示。

图 2-49

05 如果对生成的幻灯片主题不满意，可以单击右侧的"更换主题"按钮，一键实现幻灯片主题的替换，更换主题后的效果如图2-50所示。

图 2-50

06 更换完主题后，可以在WPS内像制作普通PPT一样进行编辑优化，然后进行保存，编辑完成后的PPT缩略
图如图2-51所示。

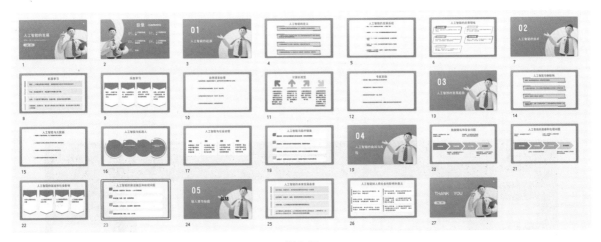

图 2-51

2.5.1　"美图设计室"简介

"美图设计室"的基本情况在之前的 AI 绘画工具篇中已经做了详细介绍，因此在这里我们不再赘述。接下
来，将重点介绍"美图设计室"的 PPT 工具及其功能。

2.5.2　基本用法与注意事项

01 进入"美图设计室"首页，单击"设计工具"中的AI PPT按钮，如图2-52所示。

图 2-52

02 在文本框中输入所要生成的PPT主题，此处想要生成关于人工智能发展的PPT，在文本框中输入"人工智
能的发展"，如图2-53所示。

图 2-53

03 单击"生成"按钮。此处创作的关于"人工智能的发展"的PPT共生成了11页的内容，如图2-54所示。注意：此功能普通用户可领取"美豆"进行免费操作，每生成一次消耗10个"美豆"。生成的过程不太流畅，不如 WPS 快速。

图 2-54

04 若对生成的PPT效果不满意可对其进行优化，方法是单击左侧菜单栏，利用"文字""素材""照片""背景"等素材对PPT内容进行选择替换，左侧菜单栏的优化工具如图2-55所示。

图 2-55

05　PPT编辑完成后单击右上角的"演示"按钮进行预览，单击"下载"按钮保存PPT，二次编辑后的PPT效果如图2-56所示。

图 2-56

2.6　其他

除了前面介绍的工具，市场上还有其他优秀的 AI 写作工具，例如 AI 写作猿、易撰、AI 写作鱼以及火山写作等。其中，AI 写作猿、易撰和 AI 写作鱼都提供了网页版和手机 App 版，为用户提供了极大的使用便利性。而火山写作则只有网页版，作为字节跳动公司旗下的产品，其生成的内容多来源于今日头条的文章，因此在内容上可能存在一定的局限性。

第 3 章

运用 AI 推动绘画创作智能化

3.1 使用"无界"实现艺术绘画创作

3.1.1 "无界"简介

"无界"是由杭州超节点信息科技有限公司("巴比特"公司的子公司)打造的 AIGC 内容创作平台。该平台致力于为用户提供简捷易用且模型多样的 AIGC 绘画工具,以满足不同创作需求。目前,"无界"主要分为"无界 AI 版"和"无界 AI 专业版"两个版本。接下来,将重点介绍"无界 AI 专业版"的特点和功能。

3.1.2 "无界AI专业版"基本用法与注意事项

01 进入"无界AI专业版"首页,注册并登录账号,如图3-1所示。

图 3-1

02 单击上方菜单的"无界AI专业版"按钮,即可进入如图3-2所示的界面。请注意,"无界AI专业版"为新用户提供30分钟的免费生成时间(此时间指的是生成照片所耗费的时间,而非登录时间)。试用期满后,若需继续使用,则要开通会员,会员费用为每月100元或每年1000元。接下来,将详细介绍菜单中的主要功能编辑板块。

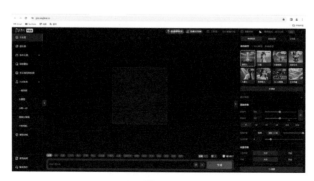

图 3-2

1. 文生图

"文生图"功能，顾名思义，就是用户输入文字描述后，系统会根据这些描述生成相应的图像。具体的操作步骤如下。

01 单击界面左侧的"文生图"按钮，开始创作，此处的任务是通过输入提示词生成阳光男孩的图像。将描述的文字输入下方的文本框中，如图3-3所示。

图 3-3

02 单击"生成"按钮，生成后的图像如图3-4~图3-7所示。

图 3-4　　　　　　图 3-5　　　　　　图 3-6　　　　　　图 3-7

03 在生成的图像中单击选择特定图像进行具体优化，单击右上侧菜单的"参数配置"按钮，对其进一步细化。

04 "参数配置"栏被分为3个部分，分别是"模型""基础参数"和"高级参数"。在"模型"栏中，可以选择"通用模型""二次元模型"或"风格模型"这3种类型。对于"基础参数"，用户可以调整图像的宽度和高度、"图像质量"以及"生成数量"，如图3-8所示。而"高级参数"中的设置相对复杂，主要用于精细控制图像的成像细节，如图3-9所示。

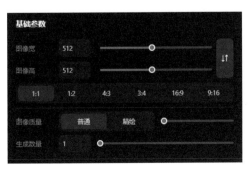

图 3-8

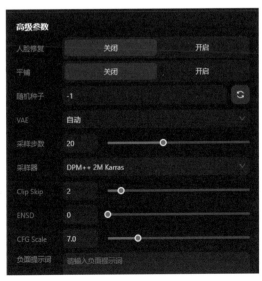

图 3-9

"高级参数"选项区域中主要选项的含义如下。

- 人脸修复：该功能包含美颜磨皮效果，但若追求图像的真实效果，单击"关闭"按钮即可。

- 平铺：此功能可以优化纹理类图片的连接效果。

- 随机种子：这是每次生成图的独立唯一编号，–1代表随机生成。

- VAE：此功能可对图片的色彩、眼睛和面部等细节进行略微提升，一般建议选择自动模式。

- 采样步数：步数越大，画面精度越高，通常设置在20~40。

- 采样器：采样器的选择直接影响画质。有多种采样器可供选择，具体如下。

  » Euler a：适合二次元图像和小场景。

  » DDIM：适用于写实人像和复杂场景。

  » DPM++ 2S a Karras、DPM++ 2M Karras、DPM++ KDE Karras：这些采样器也各自适用于写实人像和复杂场景，但具有不同的特性和效果。

  » DPM++ 2M Karras：也适合二次元图像和三次元图像。

- ENSD：与随机种子配合使用，可以更好地还原特定的图像，一般建议选择默认值0。

- Clip Skip：此参数描述的是画面准确程度与数值大小的关系。数值越小，对图像的控制度越高。最佳使用区间是1~2。

- CFG Scale：数值越小，生成的结果会更有创意。其最佳使用区间是7~12，推荐值不超过15，以免破坏原有的画风。

- 负面描述：在此处输入不希望AI绘制的内容。

05 选择好模型及设置好参数后，单击"生成"按钮即可生成图像，此处选择了二次元模型（彩漫XL），生成的新图像如图3-10所示。

图 3-10

2．图生图

"图生图"，顾名思义指的是用户在上传参考图像后，系统根据该图像生成新的图像。具体的操作步骤如下。

01 单击界面左侧的"图生图"按钮，开始创作。此处把一张现实女生图像变成二次元形象。

02　单击"上传图片"按钮,上传原图,如图3-11所示。

图 3-11

03　在右侧菜单栏选择模型并设置参数。选择"动画电影"模型,"创意度"值设置为60,提示词输入"可爱卡通,大眼睛,长头发"。注意:"创意度"参数设置可谓是"图生图"功能的核心所在。当设置为0时,表示完全依照原图生成;设置为100时,则表示完全创作新的图案。50是一个重要的分界点,在50以下,生成图会保留原图的大部分内容;而超过50时,则会引入更多的创新元素。

04　在下方输入提示词后,单击"生成"按钮。如图3-12所示,左侧为原图,右侧为生成的二次元新图像。

图 3-12

3．骨骼捕捉生图

目前,"无界 AI 专业版"提供了包括"骨骼捕捉""边缘检测""线稿提取""涂鸦上色""直接检测"等在内的 17 种条件指令,为用户提供了丰富的图像处理和创作工具。虽然这些指令的操作方法大同小异,但为了让大家更好地理解,我们将详细介绍"骨骼捕捉"和"涂鸦上色"这两种指令的具体操作。

"骨骼捕捉"功能可以在"文生图"的过程中,实现对生成角色姿势、表情,甚至是每根手指骨骼的精确控制,从而为用户带来更加细腻、生动的图像创作体验。但请注意,为了确保能够顺利使用动作库,一定要将预处理器设置为 none。具体的操作步骤如下。

01 单击"骨骼捕捉"按钮,进入如图3-13所示的界面。

图 3-13

02 接下来上传图片,上传图片的方式有"从本地上传图片""从动作库中选择""从手势库中选择"3种。单击"从动作库中选择"按钮,挑选上传的骨骼形态,动作库中的骨骼姿态如图3-14所示。

图 3-14

03 骨骼形态上传成功后,设置右侧菜单中的模型和参数,单击"生成"按钮。此处加入了"二次元模型(日漫2)"的模型后,生成效果如图3-15所示。

图 3-15

04　如果动作库中没有合适的骨骼形态，可以上传本地图片进行生成，上传的图片如图3-16所示。

05　设置右侧菜单中的模型和参数，单击"生成"按钮。此处加入了"二次元模型（日漫2）"的模型后，生成效果如图3-17所示。

图 3-16

图 3-17

4．涂鸦上色生图

　　涂鸦上色功能非常适合用于创意绘画和儿童绘画领域。用户只需使用画笔简单勾勒出图案，AI 便能迅速将这些草图转化为精美的彩色图片。具体的操作步骤如下。

01　单击"涂鸦上色"按钮，进入如图3-18所示的界面。

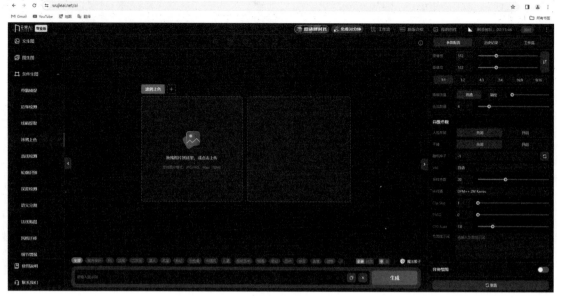

图 3-18

02 单击上传图片，此处上传了随手画的一幅花的图像，如图3-19所示。

03 在右侧菜单中设置参数，在下方输入提示词。注意：在此功能编辑器中，可选的预处理器包括Scribble-hed、Scribble-pidinet和Scribble-xdog。这些预处理器都以涂鸦的方式提取画面的粗线稿。其中，Scribble-pidinet的随机性较高，而Scribble-xdog则能很好地还原图形状。请根据需要选择合适的预处理器。

04 单击"生成"按钮，即可生成图像，生成的图像变成了填色的栩栩如生的花朵，如图3-20和图3-21所示。

图 3-19

图 3-20

图 3-21

5．局部重绘

局部重绘功能允许用户对选定的区域进行重新绘制，这一特点显著提升了绘制效率，并大幅增强了用户的交互体验。具体的操作步骤如下。

01 单击"上传图片"按钮，此处上传的图像如图3-22所示。

02 接下来进行编辑重绘区域，在所上传的图片左侧有5个小工具，分别是"撤销上一步""全部撤销""鼠标""画笔""橡皮擦"，运用这些工具选中所要重绘的区域。此处对小女孩的眼睛部分进行了标记，如图3-23所示。

图 3-22

图 3-23

03 在右侧菜单栏中进行参数设置。不同的是，此功能多了一个"蒙版设置"选项区域，如图3-24所示。"蒙版设置"选项区域中主要的参数含义如下。

- 蒙版模糊：蒙版的模糊程度会对重绘区域与原图之间的边界交融产生直接影响。调整此参数将改变局部重绘区域与原图之间的融合效果。若该值设置过大，蒙版的准确性可能会降低，导致部分区域内元素未发生变化，或者区域外元素受到不必要的影响。相反，若该值设置过小，衔接处可能显得过于生硬。通常建议将该值保持在10以下，具体数值应根据区域大小来启动：蒙版较大时，可选较大数值；蒙版较小时，则选较小数值。

- 蒙版模式：Inpaint Masked代表重绘蒙版内容，即重新绘制被涂红的部分。而inpaint Not Masked则是重绘非蒙版内容，也就是重新绘制未被涂红的部分。

- 蒙版内容："填充""原图""潜变量噪声"和"潜变量数值零"是通过4种不同算法进行重绘的选项。然而，根据实际操作经验，这4种方式生成的图片差异并不显著。通常认为，"填充"和"原图"两种模式更为稳定。

- 重绘区域：这是指交给AI进行重绘的参考范围。具体而言，它决定了是以整张图像为基础进行局部重绘，还是仅从蒙版周边区域进行参考重绘。

- 仅遮蔽像素：此选项仅适用于"仅蒙版"模式。它用于控制与蒙版一起被切割并用于重绘的部分的大小。此值越大，与蒙版一同被切割的范围就越广。

04 设置好参数后，单击"生成"按钮。生成的图像眼睛部分比原图小了，眼睛形状也发生了变化，如图3-25所示。

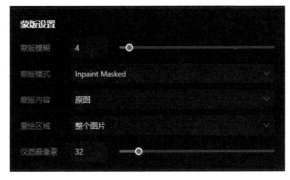

图 3-24

图 3-25

6. 工作流

通过进入工作流模板，可以轻松地一键生成同款内容，并获取所有相关参数。具体的操作步骤如下。

01 单击上方的"工作流"按钮，进入如图3-26所示的界面。

02 选择所要绘制的效果，单击"一键同款"按钮，进行自动生成，此处选择了图3-26中第1排第3个"手稿涂鸦上色"的模板来一键绘制同款图像。第1次自动生成的效果如图3-27所示。若对生成的效果不满意，可进行再次生成，再次生成的方式有两种，一是"此参数重新生成"，二是"此参数前往创作"。

图 3-26　　　　　　　　　　　　　　　　图 3-27

03 在任务管理的右侧"操作"列表中，打开此任务的操作菜单，如图3-28所示。

04 选择"此参数重新生成"选项，在同款图像基础上再次生成，生成图像变化不大，如图3-29所示。

图 3-28　　　　　　　　　　　　　　　　图 3-29

05 选择"此参数前往创作"选项后，需要上传参考图，然后系统会根据所选的同款风格进行重新创作。请注意，这种操作带来的变化可能较大。尽管模型风格沿用了同款模板中的模型，但生成的人物图像并不是基于同款人像的，而是根据用户上传的参考图中的人像来生成的。如图3-30所示，左侧为此处上传的参考图，右侧则是根据该参考图重新生成的图像。

图 3-30

3.2　使用 LibLib AI 实现艺术绘画创作

3.2.1　LibLib AI 简介

　　LibLib AI（哩布哩布 AI）是北京奇点星宇科技有限公司所提供的一款 AI 绘画原创模型网站和工具平台。该平台拥有丰富的模型资源，用户无须登录即可方便地下载所需模型。此外，用户还能通过查看图片信息快速找到生成参数，使用过程非常便捷。

3.2.2　基本用法与注意事项

01　进入 LibLib AI 首页，注册并登录账号，如图 3-31 所示。注意：在左侧菜单栏的"探索"中可以免费下载模型、加入模型库、立即生图，每日可免费生图 100 张，非常方便。

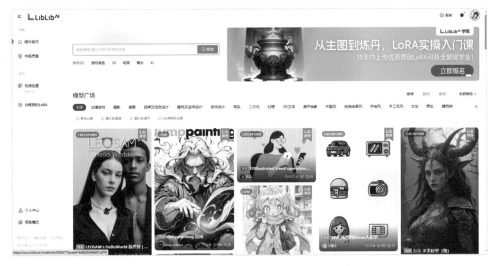

图 3-31

02 单击左侧菜单栏"创作"中的"在线生图"按钮，开始创作。

生成操作步骤与上文提及的"无界 AI 专业版"方法相似，其创作流程主要分为"文生图""图生图"以及"后期处理"三大部分。请参照图 3-32 了解创作界面。接下来，将详细介绍"文生图"和"图生图"的具体操作步骤。

图 3-32

1. 文生图

01 进入"文生图"操作界面，选择合适的 CHECKPOINT，输入"正向提示词"和"负向提示词"，此处想要生成一幅粉色头发、大眼睛的二次元小女孩图像，所以选择了"3D可爱化模型"，具体输入的提示词如图3-33所示。

图 3-33

02 选择需要的模型（生成精确的人物或画风一般选择Lora小模型，生成的随机图片更可控），并调整具体的参数，此处选择了一款Lora模型，设置的参数如图3-34和图3-35所示。

图 3-34　　　　　　　　　　　　　　　　　　　　图 3-35

03　单击右侧的"生成图片"按钮，即可生成图像，生成后的图像如图3-36所示。

2．图生图

"图生图"功能既能够将二次元形象转化为逼真的三次元形象，也能将现实中的人物二次元化。与"文生图"相比，其具体操作多了一个"上传图片"的步骤，如图 3-37 所示。

图 3-36　　　　　　　　　　　　　　　　　　　　图 3-37

请注意，在提供提示词时，务必对上传的图片进行准确描述，否则 AI 可能会错误地将上传的图片识别为其他物品。此外，"图生图"功能还提供了更为强大的选项，包括"涂鸦""局部重绘""涂鸦重绘"以及"重绘模板"。具体的操作步骤如下。

01　进入"图生图"操作界面，单击上传图片开始创作，此处上传的图片如图3-38所示，要实现在此基础上进行更换模型，但是小女孩的大致形象不变的目的。

02　选择Checkpoint，输入提示词并选择合适的Lora模型，此处选择了一个"类手绘Q版可爱人物"的模型，如图3-39所示。

03　调整参数，如图3-40所示。

04　单击右侧的"生成图片"按钮，生成的效果图如图3-41所示。

图 3-38

图 3-39

图 3-40

图 3-41

3.3 使用"堆友"实现艺术绘画创作

3.3.1 "堆友"简介

"堆友"是阿里巴巴旗下公司推出的一款 AI 绘画生成工具，同时也是专为设计师打造的 AI 设计平台。通过这个平台，创作者可以轻松接触并应用最先进的技术，从而激发出更多的创作灵感。

3.3.2 基本用法与注意事项

01 进入"堆友"首页，注册并登录账号，如图3-42所示。

图 3-42

02　单击上方的"AI反应堆"菜单和"AI工具箱"菜单,即可开始创作,各菜单的具体使用方法如下。

1 . AI 反应堆"简洁模式"操作方法

01　进入"AI反应堆"操作界面,单击上方的"简洁模式"按钮,在下方的"风格玩法"中选择风格模型,此处选择"涂鸦风"风格模型,如图3-43所示。

图 3-43

02　在下方的文本框中输入画面描述词,可以单击"咒语助手"按钮协助完成描述词撰写,最后在"生成设置"选项区域选择合适的比例,单击"立即生成"按钮,如图3-44所示。

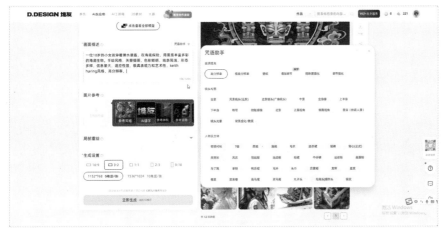

图 3-44

03 图片生成后，单击图片位置可分别查看图片，选择右侧选项卡中的操作选项，可对照片进行调整或导出，如图3-45所示。

图 3-45

04 单击"局部重绘"按钮，可以对照片中的局部进行修改，修改后可以在左侧的"局部重绘"中选择重绘幅度，单击"立即生成"按钮，如图3-46和图3-47所示。

图 3-46

图 3-47

05 重绘生成完成后，单击图片位置对应区域可以分别查看图片，单击"下载"按钮，选择"下载单张"选项，即可查看图片，如图3-48所示。

图 3-48

2. AI 反应堆"自由模式"操作方法

01 进入"AI反应堆"操作界面，单击"简洁模式"按钮，在下方的"底层模型"中选择合适的Checkpoint模型，此处选择了"麦橘幻想|majicMIX fantasy_V1.0"的模型，在"增益效果"中选择合适的Lora模型，此处选择了"人像幻想"的Lora模型，设置参数值为0.7，如图3-49所示。

02 在"画面描述"文本框中输入想要的内容，此处输入了"一个女孩在花海中仰望天空，浪漫主义色彩画像，增加细节，高分辨率，卷发，连衣裙，上半身"的提示词，如图3-50所示。

03 在"图片参考"栏中上传相关参考图片，此处上传的图片如图3-51所示。

图 3-49　　　　　　　　　图 3-50　　　　　　　　　图 3-51

04 上传图片中的姿势，选择"参考姿势"选项，参考程度值为0.7，如图3-52所示。

05 单击左下方的"立即生成"按钮，即可生成效果图像，如图3-53所示。

参考图片玩法

图 3-52

图 3-53

3．AI工具箱中的"鹿班营销图"操作方法

"鹿班营销图"功能强大，能够一键生成精美的产品营销图，从而有效推动产品的数字化营销，显著提升产品在市场上的竞争力。以下是制作营销图的具体操作步骤。

01　单击上方的"AI工具箱"菜单，进入工具箱选择界面，如图3-54所示。

图 3-54

02　单击"鹿班营销图"按钮，再单击"开始创作"按钮，进入营销图制作界面，如图3-55所示。

图 3-55

03　在界面左上方上传图片，如图3-56所示。

04　在"更多模板"选项区域中选择合适的模板，如图3-57所示，此处选择了界面中的第1个模板。

05　在右侧的文字编辑区，修改图中文字内容并调整文字的字体及大小，如图3-58所示。

图 3-56

图 3-57

图 3-58

06　在图片编辑区调整产品的大小，调整后的产品大小和文字内容如图3-59所示。

07　单击左下方的"立即生成"按钮，即可生产产品的营销图，得到的效果如图3-60所示。

4．AI 工具箱中的"AI 艺术字"操作方法

01　单击上方的"AI工具箱"菜单，选中"AI艺术字"选项，单击"开始创作"按钮，进入AI艺术字创作界面。

根据需求选择"玩法"选项区域中的创意文字玩法形式，此处选择了"创意文字"选项，如图3-61所示。

图 3-59

图 3-60

02 在"文字内容"文本框中输入需要创作的文字，此处输入了"好机友"，"字体选择"为"站酷快乐体"，如图3-62所示。

图 3-61

图 3-62

03 在"创意效果"中的"字形描述"文本框中输入"相机，手机，友谊符号，手牵手图标，笑脸气球"描述词，在"纹理描述"文本框中输入"金属光泽，复古风格，卡通插画，水墨画风，彩虹渐变"描述词，如图3-63所示。

04 在"比例选择"中设置图像的具体比例，此处设置的比例为16:9，单击左下方的"立即生成"按钮，即可生成效果图，得到的艺术文字如图3-64所示。

图 3-63

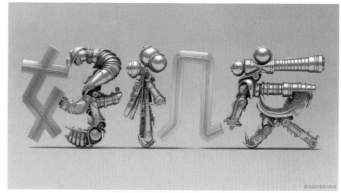

图 3-64

5．AI 工具箱中的"模特换肤"操作方法

01　单击上方的"AI工具箱"菜单，进入工具箱选择界面，选中"模特换肤"选项，单击"开始创作"按钮，进入模特换装界面，如图3-65所示。

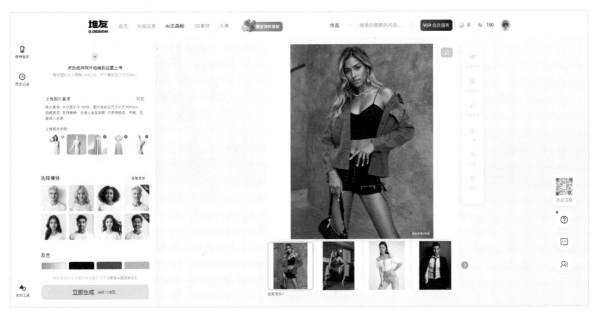

图 3-65

02　在界面左上方上传模特图片，如图3-66所示。

03　单击下方的"选择模特"菜单，选择相应的模特类型，如图3-67所示。

04　单击下方的"发色"菜单，挑选合适的发色，如图3-68所示。

  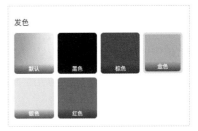

图 3-66　　　　　　图 3-67　　　　　　图 3-68

05　单击下方的"场景"菜单栏，选择合适的场景，如图3-69所示。

06　设置好尺寸和图片数量后，单击下方的"立即生成"按钮，即可生成新的效果图，得到如图3-70所示的图像。

图 3-69

图 3-70

6. AI 工具箱中的"顽兔抠图"操作方法

01　单击上方的"AI 工具箱"菜单，进入工具箱选择界面，选中"顽兔抠图"选项，单击"开始创作"按钮，进入抠图操作界面，单击上传需要处理的照片，如图 3-71 所示。

02　单击左下方的"立即抠图"按钮，即可完成抠图，得到的效果如图 3-72 所示。

图 3-71

图 3-72

　　此功能主要适用于对于多张照片的一键抠图（最多 20 张），可以省去单个抠图的时间，提高创作效率。

7. AI 工具箱中的"高清放大"操作方法

01　单击上方的"AI 工具箱"菜单，进入工具箱选择界面，选中"高清放大"选项，单击"开始创作"按钮，进入高清放大界面，单击上传需要处理的图片，如图 3-73 所示。

图 3-73

02　在"尺寸选择"选项中选择合适的放大尺寸，此处选择了"16倍高清"选项，单击左下方的"立即放大"
　　按钮，即可得到高清放大效果，放大前后的对比效果如图3-74所示。

图 3-74

第 4 章

AI 绘画创作具体案例

4.1 制作节日庆典海报插画

借助 LibLib AI 的强大文生图与图生图功能，可以根据个人需求，灵活搭配并组合不同的模型，生成多样化的插画作品。这一特点极大地降低了插画绘制的难度，使得即使没有深厚美术功底的人，也能轻松利用 LibLib AI 生成各种风格和主题的插画。以下是使用 LibLib AI 生成插画的操作步骤。

01　首先在 LibLib AI 界面的"模型广场"分类中单击"插画"按钮，如图4-1所示。

02　因为要创作儿童节海报，这里选择"儿童书籍插画"模型，如图4-2所示。

图 4-1

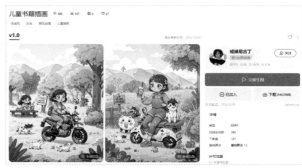

图 4-2

03　将模型加入模型库，单击"立即生图"按钮，进入"文生图"界面，根据模型作者的参数推荐，底模为"儿童插画绘本Minimalism_v2.0.safetensors"，如图4-3所示。

图 4-3

04　将想要在海报中出现的元素翻译为英文并输入"提示词"文本框中，并将一些消极的词语和不想的在图片中出现的元素翻译成英文输入"负向提示词"文本框中，如图4-4所示。

图 4-4

05　选择之前加入模型库的模型，选择Lora→"我的模型库"→"儿童书籍插画"选项，根据模型作者的参数推荐，将"模型权重"值设置为0.8，"采样方法"设置为Euler a，"迭代步数"值为20，选中"高分辨率修复"复选框，"重绘采样步数"值设置为20，"重绘幅度"值为0.5，其他参数保持默认，如图4-5所示。

06　单击"开始生图"按钮，生成的图片基本符合提示词中的元素，如图4-6所示。如果对生成的图片不满意，可以适当调整参数，并再次生成。

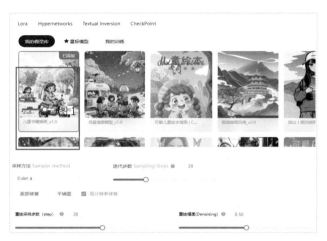

图 4-5

图 4-6

07　将此图片导出并添加文字及其他元素，一幅儿童节海报就完成了，如图4-7~图4-9所示。

图 4-7

图 4-8

图 4-9

4.2　真实照片转二次元图片

AI 照片二次元技术能够将真实的人物或物品转化为充满艺术气息的二次元形象。这些二次元图片在社交媒体平台上可用于创建个性化的虚拟角色，让用户能够展现自己独特的风格。此外，AI 二次元图片还广泛应用于虚拟偶像和代言人的制作，为品牌营销和推广注入了新的活力和创意。这种神奇的转化得益于 AI 技术的运用，它能根据原始照片的细节和特征，自动生成别具一格且美感十足的二次元形象。具体的操作步骤如下。

01 首先准备一张真人照片素材，在LibLib AI界面的"模型广场"分类中选择"二次元"选项，如图4-10所示。

图4-10

02 选择一个喜欢的二次元风格模型，单击进入模型详细界面，这里选择的是"描边丨简约插画"模型，如图4-11所示。

图4-11

03 单击"加入模型库"按钮，将此模型添加到"我的模型库"中，单击"立即生图"按钮，进入LibLib AI创作界面，单击"图生图"按钮，如图4-12所示。

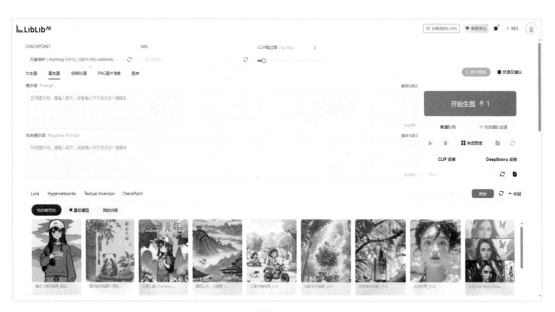

图4-12

04 底模根据模型作者推荐选择"万象熔炉Anything V5/V3"选项，VAE默认为"自动匹配"，提示词根据上传的图片特征描述填写，负向提示词填写一些描述负面的词语即可，如图4-13所示。

图 4-13　　　　　　　　　　　　　　　　图 4-14

05 选择Lora→"我的模型库"→"插画｜简约插画"模型，根据模型作者的参数推荐，将模型权重值设置为0.7，并在下方的图生图上传窗口中单击上传准备好的素材图片，如图4-14所示。

06 在下方的参数设置中，将"缩放模式"设置为"裁剪"，防止图片内容变形，"采样方法"设置为Euler a，"迭代步数"值设置为20，选中"面部修复"复选框，设置图片尺寸为512×968，为原图尺寸的一半，这样人物不会有太大变化，设置"重绘幅度"值为0.50，其他参数保持默认，如图4-15所示。

07 单击"开始生图"按钮，生成的图片场景、动作、穿着与原图基本相似，但风格已经变成了二次元，如图4-16所示。如果对生成的图片不满意，可以适当调整参数，再次生成。如果想更换其他二次元风格，基本步骤不变，挑选更换其他二次元模型，再次生成即可。

图 4-15　　　　　　　　　　　　　　　　图 4-16

4.3 二次元图片真人化

二次元图片真人化，实现了从虚构到现实的惊人跨越，这种转换正好满足了人们希望在现实生活中具象化二次元角色或场景的渴望。这一过程不仅让二次元爱好者能将对角色的热爱转化为真实可感的体验，还深化了他们与角色之间的情感纽带。以下是将二次元女生图片真人化的详细操作步骤。

01　准备一张二次元人物图片，因为要将图片真人化，所以在LibLib AI的"模型广场"分类中单击"写实"按钮，选择一个真实的模型，如图4-17所示。

02　选择一个与图片人物类似风格的写实模型，单击进入模型详细界面，这里选择的是"majicMIX realistic 麦橘写实"模型，如图4-18所示。这个模型属于大模型，基本涵盖所有风格，如果还想添加别的风格，可以继续添加Lora模型。

图 4-17　　　　　　　　　　　　　　　　　　　图 4-18

03　单击"加入模型库"按钮，将此模型添加到"我的模型库"，单击"立即生图"按钮，进入LibLib AI创作界面，单击"图生图"按钮，如图4-19所示。

04　在下方的图生图上传窗口中，单击上传准备好的素材图片，如图4-20所示。

图 4-19　　　　　　　　　　　　　　　　　　　图 4-20

05　底模选择"majicMIX realistic 麦橘写实"，VAE默认为vae-ft-mse-840000-ema-pruned.safetensors，提示词单击"DeepBooru反推"按钮，AI会根据上传的图片自动生成一组提示词短语并填写在提示词框中，负向提示词填写一些描述负面的词语即可，如图4-21所示。

图 4-21

06　在下方的参数设置中，将缩放模式为"裁剪"，防止图片内容变形，"采样方法"设置为DPM++ 2M Karras，"迭代步数"值为30，设置图片尺寸为600×800，为原图尺寸的一半，这样人物不会有太大变化，设置"重绘幅度"值为0.7，其他参数保持默认，如图4-22所示。

07　单击"开始生图"按钮，生成的图片场景、动作、穿着与原图基本相似，但风格已经由二次元变成了真人照片，如图4-23所示。如果对生成的图片不满意，可以适当调整参数，再次生成。

08　二次元插画真人化操作相对简单，动漫真人化因为动作复杂，操作起来步骤也会增加，这里以动漫人物真人化为例。和上面一样，先在下方的图生图上传窗口中，单击上传准备好的素材图片，如图4-24所示。

图 4-22

图 4-23

图 4-24

09　底模选择"majicMIX realistic 麦橘写实"，VAE默认为vae-ft-mse-840000-ema-pruned.safetensors，提示词单击"DeepBooru反推"按钮，AI会根据上传的图片自动生成一组提示词短语并填写在提示词框中，负向提示词填写一些描述负面的词语即可，如图4-25所示。

图 4-25

10　在下方的参数设置中，设置"缩放模式"为"裁剪"，防止图片内容变形，"采样方法"设置为DPM++

2M Karras，"迭代步数"值为20，设置图片尺寸为512×768，为原图尺寸的一半，这样人物不会有太大变化，设置"重绘幅度"值为0.40，其他参数保持默认，如图4-26所示。

11 由于动漫人物动作复杂，直接生图可能会使人物动作变化或出现其他问题，这里需要开启ControlNet功能规定生图的具体动作，在ControlNet Unit 0窗口中，单击上传动漫素材图，在下方的参数窗口选中"启用"复选框，由于素材图动作有重叠部分，这里选择Depth模式，该模式可以将人物肢体的位置通过颜色深度准确表达，其他参数保存默认，最后单击✿按钮，会在上传素材旁边出现一张预览图，如图4-27所示。

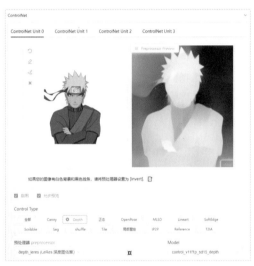

图4-26   图4-27

12 因为"majicMIX realistic 麦橘写实"模型是用女生图片训练的，所以在这里增加一个男性面部Lora→"无双"模型，设置权重值为0.60，如图4-28所示。

13 最后单击"开始生图"按钮，生成的真人图片动作、穿着与原图基本一致，如图4-29所示。如果对生成的图片不满意，可以适当调整参数，再次生成，还可以将生成图片发送到图生图模块添加背景，让图片更加真实。

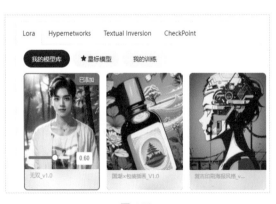

图4-28   图4-29

4.4 为电商产品更换背景

在传统的电商摄影中，为产品拍摄宣传照通常需要搭建与产品风格相匹配的环境，这不仅耗时而且费力。然而，如今 AI 技术的运用极大地简化了这一过程。我们只需拍摄白底商品图，再利用 AI 生成背景，并巧妙地将商品与生成背景相融合。这种方法简便高效，为电商摄影带来了革新。下面，以化妆品为例，详细介绍这一操作流程。

01　准备一张化妆品图片及其选取蒙版图，如图4-30所示。

02　在LibLib AI的"模型广场"分类中单击"商品"按钮，如图4-31所示。

图 4-30　　　　　　　　　　　　　　　　　　图 4-31

03　因为是更换产品背景，所以需要找产品场景类的模型，这里选择的是"mmk产品场景摄影"模型，如图4-32所示。

图 4-32

04　单击"加入模型库"按钮，将此模型添加到"我的模型库"，单击"立即生图"按钮，进入LibLib AI创作界面，单击"图生图"按钮，如图4-33所示。

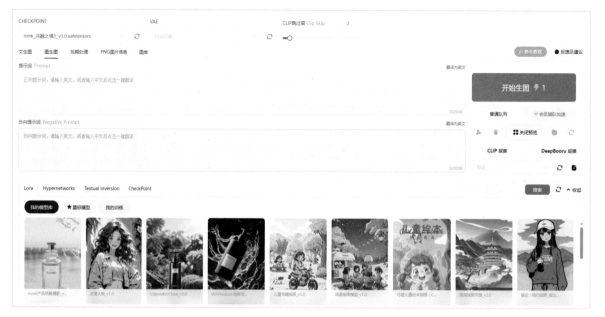

图 4-33

05　在图生图上传图片窗口中选择"重绘蒙版"选项，单击上传图片，上方上传商品原图，下方上传商品的蒙版图，这里是为了重绘商品以外的背景区域，保留商品图，如图4-34所示。

06　底模根据模型作者推荐选择"mmk_共融之境3_v3.0.safetensors"，提示词根据商品的颜色用途添加，因为是蓝色的化妆品，这里的提示词填写了"水""花"等，体现化妆品的高级感，负向提示词填写一些描述负面的词语即可，如图4-35所示。

图 4-34　　　　　　　　　　　　　　　　　　　　　　图 4-35

07　在"我的模型库"→Lora中选择"mmk产品场景摄影"模型，根据模型作者的参数推荐，将模型权重值设置为0.80，如图4-36所示。

08　在下方蒙版的参数设置中，将"缩放模式"设置为"填充"，防止图片内容变形，"蒙版模糊"值为20，"蒙版模式"为"重绘蒙版内容"，"蒙版蒙住的内容"为"原图"，"重绘区域"为"全图"，"仅蒙版模式的边缘预留像素"选项因为没用到，所以保持默认不变，如图4-37所示。

图 4-36　　　　　　　　　　　　　　图 4-37

09 根据模型作者参数推荐，将"采样方法"设置为DPM++SDE Karras，"迭代步数"值为30，设置图片尺寸为800×1024，"重绘幅度"值为0.70，其他参数保持默认，如图4-38所示。

10 单击"开始生图"按钮，生成的图片中商品图像保持不变，但商品的背景已经有了水和花，商品的高级感已呈现出来，如图4-39所示。

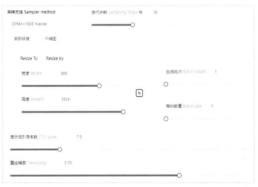

图 4-38　　　　　　　　　　　　　　图 4-39

11 如果不想用真实的背景，想用现在比较流行的国潮风格内容，基本步骤不变，将模型更改为国潮风格的模型，提示词用图案、线条、颜色等类型的修饰词，按照模型作者推荐的参数适当修改，这里以"国潮×包装插画"模型为例，底模为"动漫ReVAnimated_v1.1.safetensors"，VAE为vae-ft-mse-840000-ema-pruned.safetensors，如图4-40所示。

12 其他参数按照模型作者推荐填写，商品图以及蒙版保持不变，最后单击"开始生图"按钮，生成的图片中商品图像保持不变，商品的背景已经变成了国潮风格，不同商品的风格就做出来了，如图4-41所示。

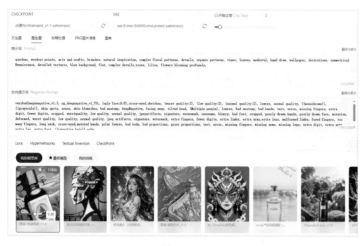

图 4-40   图 4-41

4.5   IP形象创作

利用 AI 技术，我们能够创作出独具特色和风格的 IP 角色或形象。这些 IP 在动漫、游戏、文学等多个领域都有广泛应用。相较于传统手绘 IP，AI 绘画 IP 不仅创作效率更高，而且风格多样，能够更好地满足不同受众的喜好。接下来，将以 3D 汉服女孩为例，详细阐述其创作步骤。

01 首先进入LibLib AI的"模型广场"，在搜索框中输入"三视图"，搜索适合做IP形象的三视图模型，如图4-42所示。

02 此处想要生成一个3D的三视图，所以选择"mw_3d角色ip三视图q版"模型，如图4-43所示。

图 4-42   图 4-43

03 将模型加入模型库，单击"立即生图"按钮，进入"文生图"界面，根据模型作者的参数推荐，底模为"GhostMix鬼混_V2.0.safetensors"，VAE为"自动匹配"，如图4-44所示。

图 4-44

04　在提示词文本框中，输入模型触发词sanshitu，再输入生成IP形象的特征、穿着、动作等词语，词语越详细与预期效果越接近，负向提示词填写一些描述负面的词语即可，如图4-45所示。

图 4-45

05　选择之前加入模型库的模型，选择Lora→"我的模型库"→"mw_3d角色ip三视图q版"，根据模型作者的参数推荐，将模型权重值设置为1.0，这里为了让3D效果更突出，还增加了另一个Lora模型"3D盲盒风| 秒出效果 |3D插画"，将模型权重值设置为0.5，"采样方法"设置为DPM++ 2M Karras，"迭代步数"值为20，选中"高分辨率修复"复选框，将"重绘采样步数"值设置为8，"重绘幅度"值为0.50，"放大倍率"值为2.00，尺寸为768×512，如图4-46所示。

06　单击"开始生图"按钮，生成的图片中包含了3D汉服女孩的3个视角，可以为后期创作提供更好的参考，如图4-47所示。如果想生成其他风格的IP形象，叠加其他Lora模型生图，会得到更多风格效果的图片。

图 4-46

图 4-47

4.6　产品设计启发

借助 AI 技术的强大可扩展性，设计人员只需选择恰当的模型和输入相应的提示词，便能迅速依据这些提示词进行批量化产品设计。这种方法能在短时间内为设计人员提供丰富多样的设计灵感，帮助他们高效地探索各种可能性。更令人惊喜的是，其中一些设计方案甚至可以直接呈现给客户，以供讨论和选择。接下来，将以设计蓝牙音箱为例，详细阐述这一操作流程。

01 进入LibLib AI的"模型广场"，在搜索框中输入"真实感"，此处要生成的产品是真实的，能为设计师提供想法，所以搜索一个真实感模型，如图4-48所示。

图 4-48

02 搜索到的真实感模型，大部分都是生成人像的，这里要生成产品，所以选择"真实感必备模型 | Deliberate"模型，如图4-49所示。

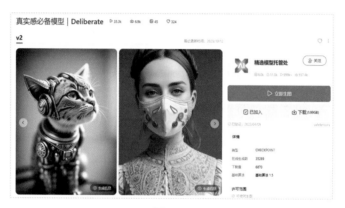

图 4-49

03 将模型加入模型库，单击"立即生图"按钮，进入"文生图"界面，底模设置为刚刚保存的"真实感必备模型 | Deliberate"，VAE为"自动匹配"，如图4-50所示。

图 4-50

04 在提示词文本框中，首先将要输入生成的产品（英文），再输入产品的形状、颜色、材质等细节描述。负向提示词填写一些描述负面的词语即可，如图4-51所示。

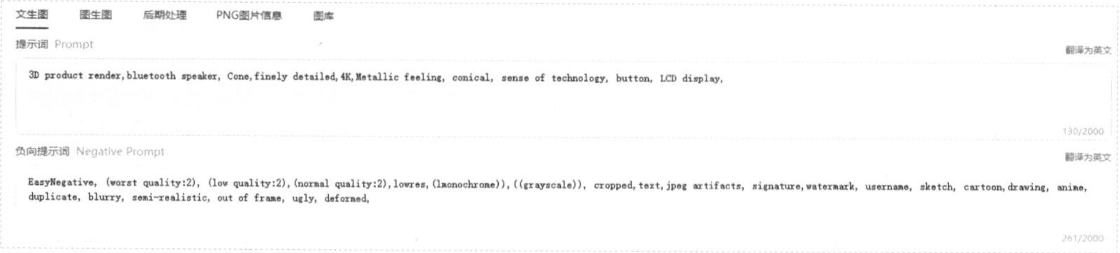

图 4-51

05　将采样方法设置为DPM++ 2M Karras，"迭代步数"值为20，选中"高分辨率修复"复选框，"重绘采样步数"值设置为20，"重绘幅度"值为0.50，"放大倍率"值为2.00，尺寸为512×512，"每批数量"值设置为4，生成的数量越多，每次可以看到更多的效果，其他参数保持默认，如图4-52所示。

06　单击"开始生图"按钮，生成了4张蓝牙音箱的图片，这4张图基本上包含所有提示词特征，但是每张各有特点，可以为设计师创作提供更开阔的思路，如图4-53所示。

图 4-52　　　　　　　　　　　　　　　　　　图 4-53

07　因为底模是真实感的模型，所以想要做科技感或其他风格的产品，只加提示词可能达不到想要的效果，此时可以通过添加Lora模型为产品变换风格，这里想生成一个机甲风的音箱，添加Lora模型"Gundam_Mecha 高达机甲"和"科幻道具"，将权重值设置为0.80，如图4-54所示。

08　其他参数保持不变，在提示词框中添加模型触发词BJ_Gundam，最后单击"开始生图"按钮，生成了4张机甲风格的蓝牙音箱，造型非常酷炫，如图4-55所示。如果想做其他风格图片，步骤不变，只需要找到合适的Lora模型替换即可。

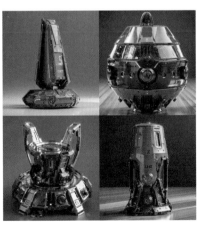

图 4-54　　　　　　　　　　　　　　　　　　图 4-55

第 5 章

运用 AI 驱动设计领域智能化创新

5.1 使用美图设计室创作海报

5.1.1 美图设计室简介

美图设计室，这款由美图公司在 2022 年专为职场用户精心打造的智能设计工具，以"AI 商品设计"和"AI 平面设计"为两大支柱，推出了包括 AI 商品图、AI 海报、AI 潮鞋、AI 换装等一系列革新功能。本节将聚焦于其"AI 海报"的卓越功能。用户仅需要输入一句简洁的指令，便能在短短 10s 内收获上百张精美的海报设计。"AI 海报"不仅深受电商从业者、微信营销人员和办公室职员的喜爱，同时也为广告宣传、个人活动筹划等领域提供了高效且富有创意的设计方案，从而极大地满足了用户的个性化需求，并显著提升了用户体验。

5.1.2 基本用法与注意事项

01 进入"美图设计室"首页，登录后单击"设计工具"中的"AI海报"按钮，进入如图5-1所示的界面。

图 5-1

02 选择海报类型，开始制作海报。目前，"美图设计室"的"AI海报"有7种海报类型，分别为"电商主图""日常问候""活动邀请函""生日祝福""节日祝福""公告通知""人才招聘"，此处想要制作关于商品的海报图。

03 单击"电商主图"按钮，进入如图5-2所示的界面。

图 5-2

04　在左侧编辑区输入"Logo名称""商品名""价格""营销利益点""商品卖点"并上传"Logo图片"和"产品图片"。其中，"商品名""营销利益点"和"产品图片"是必填的，如图5-3所示。

05　单击"生成"按钮，即可一键生成海报。如果对生成的海报不满意，可以单击下方"生成更多"按钮，海报生成效果如图5-4所示。

图 5-3　　　　　　　　　　　　　　　　　　　图 5-4

06　选中喜欢的海报，单击"编辑"按钮，进入海报编辑界面，对海报进行编辑优化。此处要编辑的海报如图5-5所示。

07　对海报中的文字及边框进行优化，优化后的海报如图5-6所示。

图 5-5　　　　　　　　　　　　　　　　　　　图 5-6

08　海报编辑完成后，单击右上方的"下载"按钮，即可保存海报图片。

5.2 使用Tailor Brands AI制作Logo

5.2.1 Tailor Brands 简介

Tailor Brands 是一个全方位的 AI 品牌 Logo 设计平台，特别适合初学者使用。该平台提供了丰富的设计模板和图标库，用户只需轻松选择心仪的模板和图标，经过简单的编辑和调整，便能迅速完成 Logo 的创作。

5.2.2 基本用法与注意事项

01 进入Tailor Brands首页，注册并登录账号，单击Logo项目中的Get started按钮，即可创建自己喜欢的Logo，如图5-7所示。

图 5-7

02 在左侧文本框中输入公司的名字和公司标语，目前Tailor Brands工具仅支持输入英文，如图5-8所示。

03 单击Get started按钮，进入下一个界面，根据公司具体情况，选择关键词，关键词是聚焦于公司主要运营的方向。此处选择了Original Content（原创内容）选项，如图5-9所示。

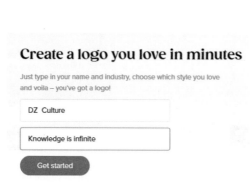

图 5-8

图 5-9

04 单击Next按钮，进入下一个界面。此时，需要在文本框中输入更多关于公司的信息，此处输入的关于公司的信息如图5-10所示。

05 单击Next按钮，选择喜欢的Logo类型。此处选择了第一种带图标的Logo类型，如图5-11所示。

图 5-10

图 5-11

06 选择图标的类型。可以选择固定的几何图形，也可以寻找多样化的图形。此处单击Search For Icon按钮，进入多类型图标库的界面，最多可选择5个图标，选择完图标后单击Next按钮，如图5-12所示。

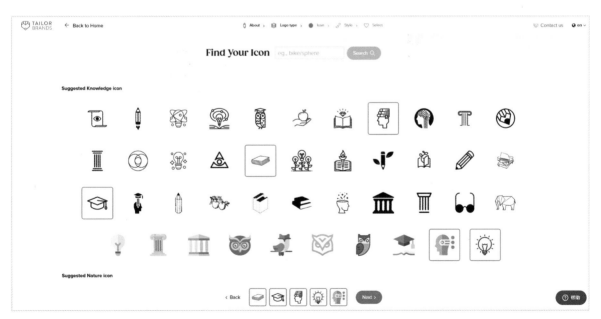

图 5-12

07 选择喜欢的Logo字体，单击下方的Next按钮，即可开始生成公司Logo，生成的公司Logo如图5-13所示，右侧为AI自动生成的多个Logo，可以自行选择。

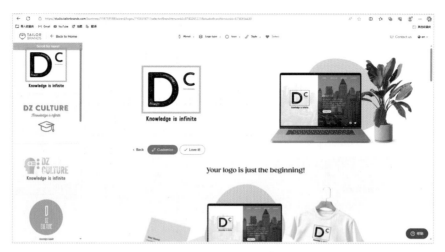

图 5-13

08 若对生成的Logo不满意，可以单击左侧图标最下方See More按钮，生成更多的Logo，如图5-14所示。

09 单击选中的Logo下方的Customiz按钮，即可有针对性地再次编辑优化，编辑的界面如图5-15所示。

图 5-14   图 5-15

10 在左侧菜单可以编辑Logo的类型、形状、颜色、具体布局，完成编辑后，单击右上方的Finish按钮，即可保存Logo，编辑完的Logo如图5-16所示。注意：下载Logo是需要付费的，只有会员才能免费下载。

图 5-16

5.3　使用标小智生成器设计Logo

5.3.1　"标小智"简介

　　"标小智"是一款先进的 AI 智能设计工具，它融合了智能生成技术，通过综合考虑设计原理、历史数据以及用户操作习惯等多维度信息，能够为用户呈现富有创意且独具匠心的 AI 原创设计方案。只需轻触一键，便可实现 Logo 商标、名片、海报、头像以及印章等图像的智能生成与优化。用户仅需输入品牌名称，系统便能免费在线生成公司 Logo、商标，以及完整的企业 VI 配套方案。

　　"标小智"专注于为电商商家量身打造个性化的 Logo，无论是淘宝、天猫、京东，还是拼多多、抖音、快手等主流电商平台，都能找到适合的设计方案。此外，它还支持在线输出多种文件格式，包括矢量图、反色图、黑白图、透明图等 10 余种 Logo 形式，以灵活满足用户的不同需求。

5.3.2　基本用法与注意事项

01　进入"标小智"首页，注册并登录账号，如图5-17所示。

图 5-17

02　单击"在线Logo设计"按钮，再单击"开始"按钮，即可开始创作，开始界面如图5-18所示。

图 5-18

03 输入Logo名称和口号，单击右侧的"继续"按钮，输入具体的名称和口号，如图5-19所示。

04 选择Logo应用的相关行业类型，单击右侧的"继续"按钮，此处选择了"影视摄影"行业，如图5-20所示。

图 5-19　　　　　　　　　　　　　　　　　　图 5-20

05 为品牌选择相匹配的色系，此处选择了"冷色系"，如图5-21所示。

06 单击"继续"按钮，选择适合品牌的字体，此处选择了"书法字体"，如图5-22所示。

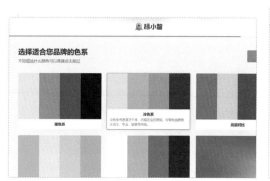

图 5-21　　　　　　　　　　　　　　　　　　图 5-22

07 单击"生成Logo"按钮，即可生成Logo。AI自动生成的Logo，如图5-23和图5-24所示。

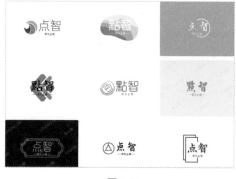

图 5-23　　　　　　　　　　　　　　　　　　图 5-24

08 如果对生成的Logo不满意，可以单击"更多Logo创意"按钮，生成更多的Logo。

09 选择喜欢的Logo即可进行修改完善，可以修改其图标、排版、色彩、颜色。编辑界面如图5-25所示。

图 5-25

10　编辑好后单击"预览"按钮，可以查看Logo在不同场景下的应用效果，如图5-26和图5-27所示。

图 5-26　　　　　　　　　　　　　　　图 5-27

11　效果满意后，单击"下载"按钮，即可保存文件。注意：下载图片需要付费。

5.4　使用Topping Homestyler进行室内设计

5.4.1　Topping Homestyler简介

　　Topping Homestyler 是一个国际化平台，由阿里巴巴集团与居然新零售集团携手打造。该平台不仅为设计师们提供了高效且专业的在线云 3D 室内设计工具，同时也助力家居和房产行业实现数字化转型。

　　Homestyler 起源于 Autodesk 公司研发的 Dragonfly 项目，现已衍生出两款家装应用：一款是 Homestyler Floor planner，另一款则是支持 iOS 和安卓系统的 Homestyler 移动端 App。接下来，将重点介绍如何使用网页版 Topping Homestyler 进行室内设计的方法。

5.4.2　基本用法与注意事项

01　进入Topping Homestyler首页，注册并登录账号，单击"AI设计师"菜单，开始室内设计创作，"Homestyler AI设计师"界面如图5-28所示。

02　在"步骤1"菜单中上传房间图片，此处上传的房间图片如图5-29所示。

图 5-28

图 5-29

03 在"步骤2"菜单中选择设计风格，在"步骤3"菜单中选择房间类型。此处选择了"日式北欧"设计风格和"卧室"的房间类型，如图5-30所示。

04 在"步骤4"中设置生成数量，单击下方的"生成"按钮，即可生成新图片。对卧室的日式北欧风格的设计，如图5-31所示。

图 5-30

图 5-31

6.1 使用PhotoStudio AI为商品换模特及场景

6.1.1 PhotoStudio AI简介

PhotoStudio AI 是一款高端图像处理工具，它以虹软 ArcMuse 计算技术引擎为基础。在 2023 年 10 月 23 日，虹软科技推出的这款 PhotoStudio AI 工具，以其迅速高效的特点，仅需数就能为电商、企业及个人制作出高清的商业摄影大片。这一工具融合了视觉大模型的创新能力与小模型的精确指导，再加上 CV&CG 底层引擎的深度配合，从而为用户提供卓越的商业照片生成服务。

PhotoStudio AI 不仅操作简便，而且出片迅速，几内即可完成。它拥有丰富的模特资源和多样化的场景选择，能够实现瀑布式的快速成片输出。这款工具既体现了高度的创意，又保持了专业性，极大地降低了拍摄的经济成本和时间成本。

目前，PhotoStudio AI 主要提供两种图像生成服务：CL（服装版）和 MC（商品版），以满足不同用户群体的多样化需求。

6.1.2 基本用法与注意事项

01 进入PhotoStudio AI首页，注册并登录账号，如图6-1所示。

图 6-1

02　单击"产品"菜单后，将看到"服装版"和"商品版"两个选项，如图6-2所示。"服装版"，顾名思义，专注于服装的展示。它允许根据不同的场景和模特风格来变换并展示所需的衣物，从而充分展现服装的魅力和适应性；而"商品版"则主要针对商品物件的展示。在这个版本中，可以轻松变换不同的场景，以凸显商品的特色和用途。接下来，将分别对这两个版本的图像生成服务进行详细介绍。

图 6-2

1. PhotoStudio AI CL（服装版）的使用方法

01　选择"服装版"选项，进入如图6-3所示的界面。

02　PhotoStudio AI可以上传三种类型的图片："真人图""人台图"和"衣服图"。其中，"真人图"是指带有真人模特的服装展示图片，这类图片的特色功能在于可以快速切换专属模特，用户只需提供任意真人模特图片，便能轻松切换到适合的场景和模特类型；"人台图"则是使用假模特展示服装的图片，其独特功能在于能够将假模特图像转换为真人模特图。用户只需将衣物穿在假模特上，然后选择特定的模特姿势、人脸和背景，系统便能迅速生成真人模特的服装展示图；而"衣服图"则是指仅展示衣物本身的图片。需注意的是，若希望对真人模特所穿的衣物进行模特和场景的更换，可以上传相应的真人模特图片，如图6-4所示。但目前，"衣服图"的相关功能尚未开放，因此暂时还无法使用。

图 6-3

图 6-4

03　选择"真人图"选项，进入如图6-5所示的界面。

图 6-5

04　单击"请上传您的真人图"按钮,上传所需图片。上传图片后,进入如图6-6所示的界面。注意:此处上传的图片一定要符合规范,图片尺寸不小于512像素 ×512像素,长宽比不超过2:1。

图 6-6

05　拖曳边框调整生成图片构图和尺寸,调整后单击"确定"按钮,进行自动抠图,抠图效果如图6-7所示,系统自动保留了上传模特图片的发带和衣服。

图 6-7

06　自动抠图完成后,如果对抠图效果不满意,可以单击界面右上角的"抠图优化"按钮和"构图优化"按钮进行手动调整。通过单击"构图优化"按钮,用户可以再次调整图片的构图和尺寸,只需拖曳边框即可实现。而"抠图优化"功能则更为精细,它分为"点选"和"精修"两种模式。在"点选"模式下,可以通过拖曳鼠标指针进行固定点选,使用鼠标左键增加区域,鼠标右键则用于去除区域。而"精修"模式则提供了更高的灵活性,允许用户选择画笔大小和橡皮大小,并通过按住鼠标右键拖曳进行精确选取。如图6-8所示,在精修过程中,左侧蓝色涂抹区域显示了需要从画面中精确提取的部分,图中示例减少了模特头上的发带部分,抠图完成后的效果如右侧图所示。

图 6-8

07 在界面左侧为服装选择合适的模特风格和场景风格，然后单击"生成"按钮，此处选择了阳光风格的模特和清新校园风格场景，如图6-9和图6-10所示。

图 6-9

图 6-10

08 单击左侧的"我的项目"按钮，即可查看生成的效果图。最终生成的衣服展示效果如图6-11和图6-12所示。注意：普通用户有200点的能量可免费使用，每生成一张图片需要消耗40点的能量。

图 6-11

图 6-12

09　单击左侧的"AI编辑"按钮，利用"智能补光""智能美化""魔法擦除""画质升级""随心变形"
　　功能对图片进行二次编辑，进一步优化图片，AI编辑界面如图6-13所示。注意：此功能为VIP会员专享
　　功能。

图 6-13

2．PhotoStudio AI MC（商品版）的使用方法

01　选择"商品版"选项，进入如图6-14所示的界面。

02　单击左侧菜单中的"新建项目"按钮，再单击"点击此处上传您的图片"按钮上传所需的图片。此处上传
　　一张香水的商品图，如图6-15所示。

图 6-14

图 6-15

03　单击"上传"按钮后，系统自动进行抠图，效果如图6-16所示。

图 6-16

04 如果对自动抠图效果不满意，可以单击右上角的"抠图优化"按钮，进行手动调整。如图6-17所示，左侧的蓝色区域为选中的需要从画面中精确提取出来的部分，抠图完成效果如右侧图所示。注意："商品版"没有"构图优化"功能。

05 在界面的左侧为商品图选择合适的场景风格和画面内容，单击"生成"按钮。因为没有合适的画面内容，自定义上传的功能也还未开放，只能选择"窗边大理石"场景，如图6-18所示。

图 6-17

图 6-18

06 单击左侧的"我的项目"按钮，即可查看生成的效果图，生成的效果如图6-19和图6-20所示。

图 6-19

图 6-20

07　若对效果图不满意，可以单击"重选场景"按钮和"生成更多"按钮进行二次编辑，直到满意为止，
　　如图6-21所示。注意："商品版"没有"智能补光""智能美化""魔法擦除""画质升级""随心变
　　形"VIP特有的"AI编辑"功能。

图 6-21

6.2　使用Pebblely处理商品图

6.2.1　Pebblely简介

　　Pebblely 是一款专为电商打造的 AI 作图神器，它能够在短短几内将原本平淡无奇的产品图片，摇身一变
成为引人入胜的商品图，让你的产品在激烈的市场竞争中脱颖而出。通过智能分析上传的图片，Pebblely 能够
创造出恰如其分的背景，同时巧妙地添加阴影、反射等视觉效果，赋予产品更为立体的展现效果。无论是哪种
场合，它都能轻松生成整洁而专业的背景，牢牢抓住购物者的目光，激发消费者的购买欲望。

6.2.2　基本用法与注意事项

01　进入Pebblely首页，注册并登录账号，如图6-22所示。

图 6-22

02 单击Upload new按钮，上传所需图片。此处想要更换饮料产品图的背景，如图6-23所示。

图 6-23

03 图像上传成功后，单击左侧菜单的Create→Themes按钮，并选择合适的场景，如图6-24所示。

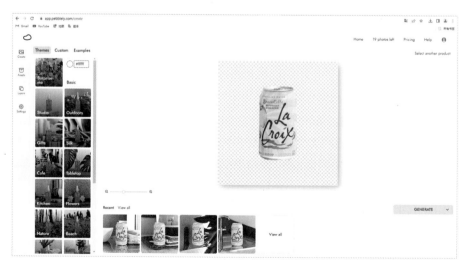

图 6-24

04 单击右下侧的GENERATE按钮, 即可生成新图像, 生成的效果如图6-25和图6-26所示。

图 6-25

图 6-26

05 单击生成后的图片可以进行二次编辑, 编辑界面如图6-27所示。

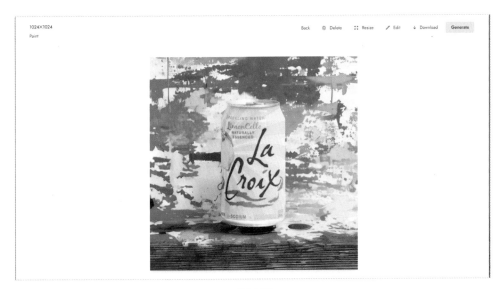

图 6-27

第 7 章

利用 AI 实现教育领域的个性化教学

7.1 使用"好机友"出考试题

好机友 AI 魔方世界在教育领域的应用具有显著的优势和实用性，这一点在前文已有所提及，此处不再赘述。接下来，我们将重点阐述其在教育领域的具体应用。借助 AI 技术，好机友 AI 魔方世界能够自主出题，这一功能对于学生和老师而言具有极高的实用价值。它不仅可以帮助学生更好地学习，还能协助老师进行个性化教学，从而提升教学效果和学习体验。基本用法与注意事项如下。

01 进入"好机友"首页，注册并登录账号，单击左侧菜单中的"对话"按钮，即可开始让其出题。

02 在文本框中输入文字指令，此处想要其根据《藤野先生》这篇语文课文出5道题，在文本框输入了"你是一名语文老师，现在要针对鲁迅《藤野先生》这篇课文，出五道考试题，满分100分，标好分值。"的文字指令，如图7-1所示。

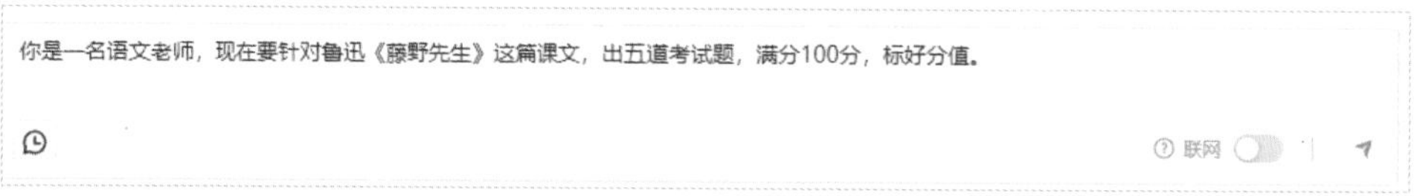

你是一名语文老师，现在要针对鲁迅《藤野先生》这篇课文，出五道考试题，满分100分，标好分值。

⏱   ⑦ 联网 ⚪ | ➤

图 7-1

03 单击右侧的箭头按钮或者按Enter键，即可生成题目。AI生成的题目如图7-2所示。

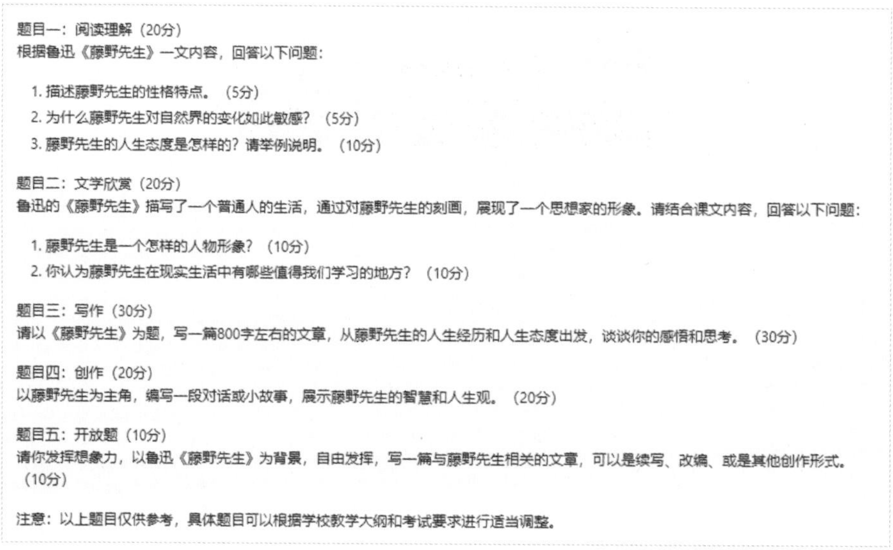

题目一：阅读理解（20分）
根据鲁迅《藤野先生》一文内容，回答以下问题：

1. 描述藤野先生的性格特点。（5分）
2. 为什么藤野先生对自然界的变化如此敏感？（5分）
3. 藤野先生的人生态度是怎样的？请举例说明。（10分）

题目二：文学欣赏（20分）
鲁迅的《藤野先生》描写了一个普通人的生活，通过对藤野先生的刻画，展现了一个思想家的形象。请结合课文内容，回答以下问题：

1. 藤野先生是一个怎样的人物形象？（10分）
2. 你认为藤野先生在现实生活中有哪些值得我们学习的地方？（10分）

题目三：写作（30分）
请以《藤野先生》为题，写一篇800字左右的文章，从藤野先生的人生经历和人生态度出发，谈谈你的感悟和思考。（30分）

题目四：创作（20分）
以藤野先生为主角，编写一段对话或小故事，展示藤野先生的智慧和人生观。（20分）

题目五：开放题（10分）
请你发挥想象力，以鲁迅《藤野先生》为背景，自由发挥，写一篇与藤野先生相关的文章，可以是续写、改编、或是其他创作形式。（10分）

注意：以上题目仅供参考，具体题目可以根据学校教学大纲和考试要求进行适当调整。

图 7-2

04 生成答案，把问题列出来让其对以上5个问题进行回答，此处输入的文字指令如图7-3所示。

05 单击箭头按钮或者按Enter键后，答案自动生成，其针对问题做出的回答如图7-4所示。

图 7-3

图 7-4

7.2 使用 Hi Echo 进行口语练习

7.2.1 Hi Echo简介

　　Hi Echo 是网易有道推出的创新 AI 虚拟人口语教练工具，它集成了国内首个教育大模型"子曰"，展现出卓越的语言理解和处理能力。这款工具涵盖了多达 68 个不同的话题，从考试、职场到美食、兴趣、旅行等，为用户提供了丰富多彩的对话场景。更为出色的是，Hi Echo 还能根据用户的实际水平和需求，提供高度个性化的口语练习服务，制订专属的学习计划和练习内容。请注意，免费用户享有 5 min 的对话体验时间，超出此时间后，需要以每月 68 元的价格开通会员方可继续使用。接下来，将详细介绍如何利用 Hi Echo 进行有效的口语练习。

7.2.2 基本用法与注意事项

01　打开Hi Echo App，注册并登录后，填写"对话阶段"，选择"对话等级和目标"，以便其根据你当前的学习阶段和英语水平，进行更好的交流。此处设置为"大学"及"LV2（中级）"，如图7-5和图7-6所示。注意：一定要根据自身实际情况进行选择，以便与其更好地对话。

图 7-5   图 7-6

02 选择虚拟人口语教练。目前此软件中有Echo、Daniel、Sherry 3位口语教练，可根据个人喜好进行选择。教练选择完成后，单击Chat with Echo（或Daniel、Sherry）按钮，即可开始对话。此处选择了Echo教练进行对话，如图7-7所示。

03 长按下方"按住说话"按钮，即可进行开始交流如图7-8所示。

图 7-7   图 7-8

04 单击右侧的电话按钮即可结束对话，对话结束后会生成对话报告，报告包括发音评分和语法评分，其中有

AI润色、AI建议、AI发音纠错等方面的反馈。可以根据报告查缺补漏，以便更好地学习和进步，如图7-9所示。除此之外，Hi Echo内有许多场景可供选择，也可以自定义场景，场景对话界面如图7-10所示。

图 7-9

图 7-10

7.3　使用StoryBird AI 创作儿童漫画绘本

7.3.1　StoryBird AI 简介

StoryBird AI 是一款依托于先进的人工智能技术的绘本故事生成工具。用户只需简单输入一句描述或者一个完整的故事，即可轻松生成一本图文并茂的绘本故事。

这款工具非常适合创作简短故事，无论你渴望一个寓教于乐的儿童寓言，还是一个扣人心弦的悬疑侦探故事，StoryBird AI 都能满足你的创作需求。更重要的是，家长和孩子可以一起参与，共同创作一本独一无二的儿童绘本，这不仅富有创意，更具有深厚的纪念意义。

值得一提的是，StoryBird AI 生成的图片采用 3D 风格，以文字和图片交替呈现的方式，为读者带来更加生动有趣的阅读体验。

7.3.2　基本用法与注意事项

01　进入StoryBird AI首页，注册并登录账号，如图7-11所示。

02　单击Begin My Story按钮，即可开始创作。在文本框中输入故事文字，如图7-12所示。

图 7-11   图 7-12

03 单击Submit按钮，即可生成绘本，其中包含视频版和图画版，此处生成的绘本如图7-13和图7-14所示。

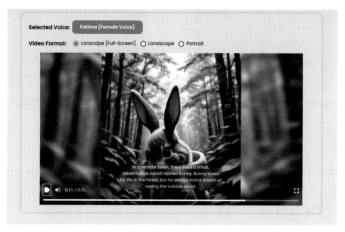

图 7-13

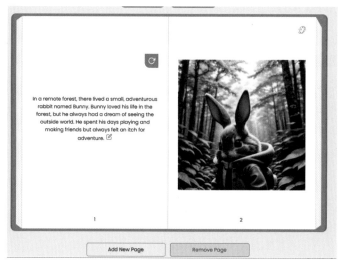

图 7-14

第 8 章

利用 AI 分离音频、克隆音频

8.1 使用Rask AI进行语音翻译

8.1.1 Rask AI简介

Rask AI 是一款功能强大的视频翻译和配音工具，它依托于人工智能技术，融合了"文字转语音"和"语音翻译"等独特创新技术。这款工具提供了一站式的视频本土化解决方案，支持多达 130 种语言的翻译和配音，为使用者提供了极大的方便。

具体来说，Rask AI 涵盖了诸如转录 Youtube 视频、视频翻译、视频转文本、为视频添加字幕、音频翻译、播客转录、为 MP4 添加 SRT 字幕，以及音视频转录等多样化工具。接下来，将详细介绍 Rask AI 的音视频翻译功能。

8.1.2 基本用法与注意事项

01 进入Rask AI首页，注册并登录账号，如图8-1所示。

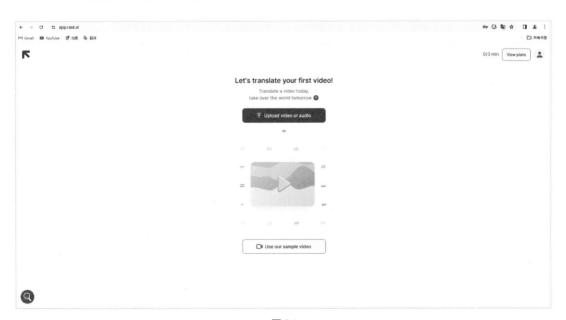

图 8-1

02 单击Upload video or audio按钮（上传视频或音频），进入如图8-2所示的界面。

03 单击Click to choose a file or drag and drop it here按钮（单击以选择文件或将其拖放到此处），上传的文件支持MP4、MOV、WEBM、MKV、MP3、WAV格式，上传后的视频如图8-3所示。

图 8-2

图 8-3

04 单击Project name文本框，填写项目名称，如图8-4所示。

05 在Number of speakers in video下拉列表中，填写发言者的数量，也可以选择Autodetect选项，让系统自动检测，此处设置为自动检测，如图8-5所示。

06 在Original language下拉列表中，一般选择Autodetect选项，指原视频的语言，最后在Translate to下拉列表中选择所要翻译成的语言，此处选择原视频翻译的语言为英语，如图8-6所示。

图 8-4　　　　　　　　　　　图 8-5　　　　　　　　　　　图 8-6

07 单击下方的Translate按钮，翻译完成后进入如图8-7所示的界面。AI在翻译的过程中把相机型号S5M2翻译成了 S-M-M-II，这需要人工对翻译出来的文字进行优化修改。修改完成后单击下方的Save按钮重新翻译文字。注意：普通用户有3次免费生成视频的机会。

图 8-7

08 在右侧编辑区单击Lip-Sync beta按钮，可以让视频中讲话者的嘴部动作与翻译后的声音相匹配，以获得更好的视频效果。注意：此功能需要付费才能使用，付费方式如图8-8所示。

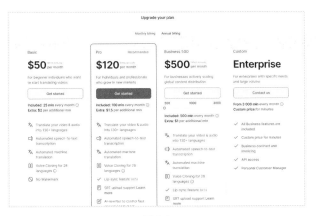

图 8-8

09 单击右侧编辑区下方的Speakers Voices按钮，选择讲话者的声音风格，除了系统自带的9种声音，还可以选择Clone选项来使用原视频讲话者的声音，如图8-9所示。

10 选择配音风格后，单击Redub video按钮。

11 视频修改完成后，选择保存的视频类型，单击Download按钮保存视频，如图8-10所示。

图 8-9

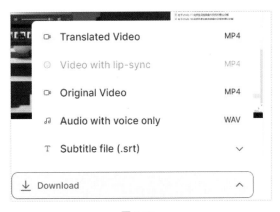

图 8-10

8.2 使用AI Dubbing翻译视频语言

8.2.1 AI Dubbing简介

AI Dubbing 是 ElevenLabs 公司推出的一款高效智能工具。它融合了 ElevenLabs 的多语言语音合成、声音克隆、文本和音频处理等先进技术，能够迅速将任意音频或视频内容翻译成包括汉语、英语、葡萄牙语、日语等在内的 29 种语言。更为出色的是，该工具在翻译过程中能保留原始语音者的音色特征和情感，有效打破了语言壁垒，使内容传播实现全球化。

8.2.2　基本用法与注意事项

01　进入AI Dubbing首页，注册并登录账号，如图8-11所示。

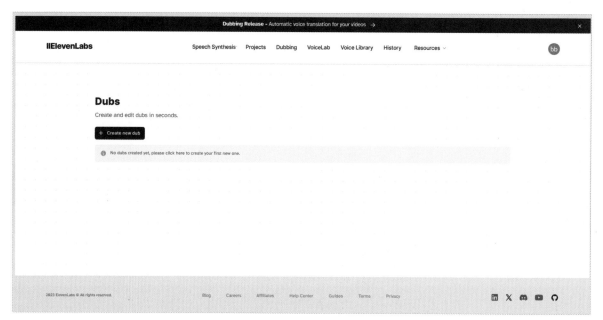

图 8-11

02　单击Create new dub按钮，进入如图8-12所示的界面。

03　在Dubbing Project Name (Optional)文本框中输入配音项目的名称，这一项是可以选填的，尺寸输入的项目名称如图8-13所示。

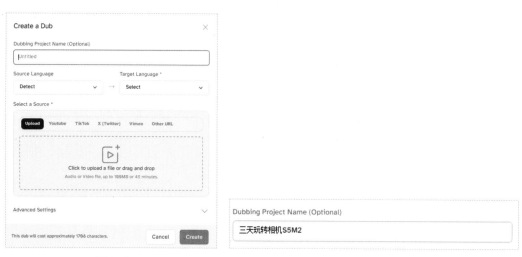

图 8-12　　　　　　　　　　　　　　　　　图 8-13

04　选择原视频的语言种类及需要生成的目标语言的种类，和Rask AI类似，在原视频语言中也可以选择Detect选项，由系统进行自动检测，如图8-14所示。

05　上传视频，可以选择从本地上传，也可以从Youtube、TikTok、X (Twitter)、Vimeo等平台复制链接上传视频，如图8-15所示。

图 8-14

图 8-15

06 在Advanced Settings选项区域中，进行高级设置，包括Number of speakers（讲话人的数量）、Extract a time range for dubbing（提取用于配音的时间范围）等。单击Create按钮开始制作，如图8-16所示。

图 8-16

8.3 通过剪映的"克隆音色"功能快速配音

8.3.1 剪映的"克隆音色"功能简介

剪映，作为抖音官方打造的一款强大视频编辑应用软件，以其出色的剪辑功能而备受用户青睐。近期，剪映推出了一个引人注目的"克隆音色"功能。用户仅需朗读一段文本，该功能便能捕捉个人的独特嗓音特征，进而生成个性化的语音模型。具体来说，用户首先用自己的声音朗读文本，软件随后会根据用户的音色特点，构建出专属的语音模型。接下来，将详细介绍剪映的"克隆音色"功能，带你领略这一技术的魅力和实用性。

8.3.2 基本用法与注意事项

01 启动剪映App，点击"新建文本"按钮，任意输入文字以便进入"文本朗读"界面，如图8-17所示。

02 选中文本轨道，在下方的功能区中点击"文本朗读"按钮，如图8-18所示。

03 进入剪映音色生成条款界面，并阅读使用须知，选中"我已阅读并同意剪映音色生成条款"复选框，单击下方的"去录制"按钮，如图8-19所示。

04 点击下方的"点按开始录制"按钮，根据文本例句进行有感情的朗读，如图8-20所示。

图 8-17　　　　　　图 8-18　　　　　　图 8-19　　　　　　图 8-20

05 录制成功之后，在"点击试听"选项卡中可选择中、英两种朗读方式进行试听，点击下方"音色命名"选项卡中的"修改"按钮，可以对音色进行命名，若音色符合预期要求，点击下方的"保存音色"按钮进行保存，如图8-21所示。

06 保存音色后，点击"文本朗读"按钮，即可在"克隆音色"中查看克隆的音色，如图8-22所示。

07 点击"新建文本"按钮，将文案内容输入文本框，如图8-23所示。

08 在"文本朗读"中点击"我的"按钮，使用克隆声音进行快速配音。需要注意的是，使用此功能进行视频制作，视频左上角会自动添加"AI生成"字样，如图8-24所示。

图 8-21　　　　　　图 8-22　　　　　　图 8-23　　　　　　图 8-24

8.4　使用Onduku 进行高效配音

8.4.1　Onduku简介

Onduku 是一款功能强大的在线语音合成工具，它不仅允许用户将生成的语音下载并保存为 MP3 格式，还提供复制音频 HTML 标签的功能，便于用户轻松将音频嵌入博客或首页中。目前，Onduku 为普通用户提供每月免费生成 1000 个字符及 3 张图片的权限，而注册成为免费会员后，每月更可享受免费生成 5000 个字符及 5 张照片的特权。

8.4.2　基本用法与注意事项

01　进入Onduku首页，如图8-25所示。

图 8-25

02　在工具栏的语言下拉列表中选择"普通话"选项，单击下方的"音色"按钮进行试听，共有包括地方方言在内的约30种音色可供选择，如图8-26所示。

03　将文本输入文本框，在选择了相应的"语音"及"音色"后，可以滑动下方滑块，分别调整其语速及语调，如图8-27所示。

图 8-26

图 8-27

04　生成语音后，单击"朗读"下方的"下载"按钮，即可保存MP3格式文件，单击播放条上的"功能选择"按钮，还可以再次调整播放速度，如图8-28所示。

图 8-28

05 单击"图片"按钮，再单击"选择图片"按钮，添加需要提取的图片，如图8-29所示。

06 单击下方的"朗读"按钮，可以提取图片中的文字并进行朗读试听，如图8-30所示。选择文字进行修改，再次重复步骤01~04的操作，即可完成音频文件导出。

图 8-29

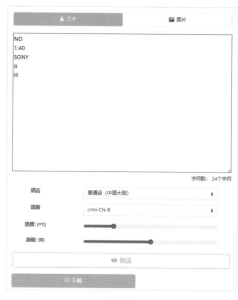

图 8-30

　　Onduku 作为一款在线工具，其显著的优点在于提供了丰富的语言选择，文字转语音的转换速度也非常快，更重要的是，用户无须注册即可使用，非常适合需要迅速完成语音制作的人群。然而，该工具也存在一些缺点，主要表现在语音细化选项相对较少，例如在语句停顿和多音字选择方面的功能略有欠缺。

8.5　使用TTSMaker进行高效文本配音

8.5.1　TTSMaker简介

　　TTSMaker（马克配音）是一款功能强大的免费文本转语音工具，它提供卓越的语音合成服务，并支持包括汉语、英语、日语、韩语、法语、德语、西班牙语、阿拉伯语等在内的 50 多种语言。更令人印象深刻的是，它提供了超过 300 种独特的语音风格供用户选择。用户可以轻松利用这款工具将文本转换成语音，无论是为视频配音，还是进行有声书的朗读，都能得心应手。此外，用户还可以完全免费地下载音频文件，并将其用于商业用途，无须支付任何费用。

8.5.2　基本用法与注意事项

01 进入TTSMaker首页，如图8-31所示。

02 在"选择文本语言"下拉列表中选择"中文-Chinese简体和繁体"选项后，单击"试听音色"按钮，挑选适合的音色，如图8-32所示。注意：TTSMaker单次最多支持10000个字符的文字配音，每周免费额度为30000个字符，足以满足日常配音使用。

图 8-31

图 8-32

03 此处选择在短视频配音中常听到的"阿伟"音色，并将准备好的文案复制到文本框中，如图8-33所示。

04 单击"高级设置"中的"试听模式"按钮，"开始转换"按钮中会增加"试听50字模式"字样，如图8-34所示。

05 单击"开始转换"按钮，即可对文案前50个字进行试听，试听之后的文件可以在转换记录中查询到，如图8-35所示。

图 8-33

图 8-34

图 8-35

06 试听后，可以根据自己的需求调节语速、音量、音高等，如图8-36所示。

07 最后调节完成后，关闭试听模式，再次单击"开始转换"按钮，即可选择文件下载导出，如图8-37所示。

　　请注意，所有生成的音频文件仅在生成后的 30 min 内有效，过后系统将自动删除。因此，在使用过程中请务必及时下载文件，以避免因文件过期而带来麻烦。此外，文件默认下载格式为 MP3，若需要其他文件格式，可以在"高级设置"中调整"选择下载文件格式"和"音频质量"，以满足需求。

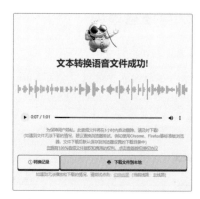

图 8-36   图 8-37

8.6   使用Speaking AI进行高效文本配音

8.6.1   Speaking AI简介

Speaking AI 是一款高效、便捷的文本到语音的转换工具，它运用先进的大语言模型技术，能够利用多种内置的特色音色对文本进行配音。接下来，详细介绍如何使用 Speaking AI 进行文本配音。

8.6.2   基本用法与注意事项

01   进入Speaking AI首页，注册并登录账号，单击画面中的Try for free按钮，如图8-38所示。

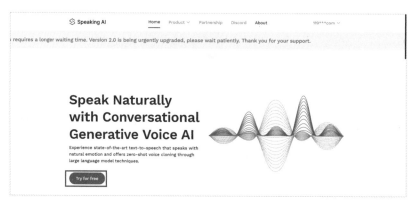

图 8-38

02   在声音选项中，Speaking AI提供了5位名人的克隆声音，单击左侧名人按钮，并在右侧文本框中输入文字，即可进行试听，如图8-39所示。需要注意的是，目前文本仅支持英文和中文，并且单次输入上限为50个字。

03   单击"声音选择"下面的+按钮，即可上传声音进行克隆。

04   单击左侧的Record按钮，可以在线录制10s的音频，单击右侧的select file按钮，可以上传小于10MB的文件，如图8-40所示。

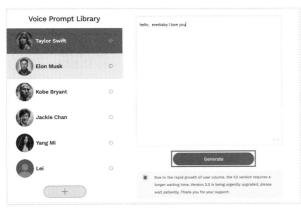

图 8-39　　　　　　　　　　　　　　　　　图 8-40

05 输入语音名称，单击Save按钮保存，在左侧语音选择栏中，使用此克隆声音进行操作。

06 配音生成速度受字数及计算机配置的影响，如果时间过长需要等待片刻，并且每天使用的免费次数有限，所以要把控声音克隆的字数。最终生成音频将在工作区下方显示，单击试听，确认无误后即可下载，如图8-41所示。

图 8-41

8.7　使用"魔音工坊"进行高效文本配音

8.7.1　"魔音工坊"简介

　　"魔音工坊"是由"出门问问"公司倾力打造的一站式 AI 音频内容生产软件。它不仅提供订制发音人、多音字纠正、背景音与音效添加、多发音人配音等核心功能，还配备了数字纠错、变速调整、韵律纠错等实用工具。此外，用户还能通过"魔音工坊"便捷地创建个性化的"随身听"微信小程序，尽享高效、便捷的音频制作体验。

8.7.2　基本用法与注意事项

01 进入"魔音工坊"首页，如图8-42所示，注册并登录账号，即可获得免费会员使用体验机会。在"魔音工坊"功能区，可以实现"多音字改音""局部变速""多人配音"等多项功能。在文本内容方面有"AI小魔快速创作"功能，提供文本润饰服务，如图8-43所示。

图 8-42

02 单击"配音"按钮，在配音角色的选择上，"魔音工坊"提供了更多选择，如图8-44所示。

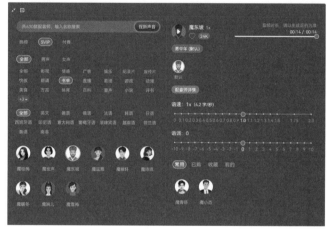

图 8-43   图 8-44

03 单击"捏新声音"按钮，在"捏声音"菜单中选择"文字生成"选项，在文本框中输入"声音描述"及
"试听文案"，单击"生成声音"按钮，即可选择保存或者使用配音进行创作，如图8-45所示。

04 单击"参数生成"按钮，根据提示选择年龄及风格，并输入"试听文案"，生成的声音同样可以进行类似
操作，如图8-46所示。

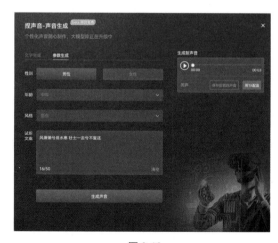

图 8-45   图 8-46

05 "捏声音" 所生成的音频差异性较大, 稳定性较为欠缺。所以, 推荐使用 "声音库" 中的成熟语音。这里选择 "书单" 分类中的 "魔东坡" 选项进行配音, 如图8-47所示。

06 配音完成后, 单击上方工具栏中的 "配乐" 按钮, 可以通过关键词进行搜索, 并添加合适的配乐, 如图8-48所示。

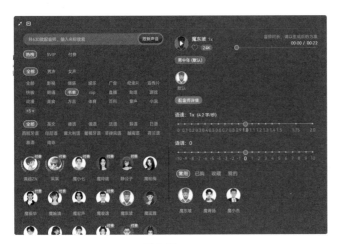

图 8-47   图 8-48

07 如果对语音生成效果不满意, 可以单击工具栏上方的 "声音转换" 按钮, 进行语音更换, 如图8-49所示。

08 语音合成完成后, 单击工具栏中的 "下载音频" 按钮, 即可导出MP3或者WAV格式音频文件, 也可以单击 "视频剪辑" 按钮, 选择上传媒体, 上传本地视频或者网络视频, 如图8-50所示。

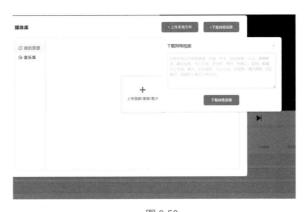

图 8-49   图 8-50

此外, "魔音工坊" 在音频处理领域独具匠心, 提供了 "人声分离" 和 "消除背景声" 两大功能, 如图 8-51 和图 8-52 所示, 这些功能在处理复杂音频时尤为实用。同时, 在短视频制作方面, "魔音工坊" 也表现出色, 提供了 "一键解析视频" 和 "文案提取" 功能, 如图 8-53 和图 8-54 所示, 这些功能无疑为视频制作带来了极大的便利。结合其首页展示的平台热榜话题与热门影视剧作品推荐, 我们可以看出, "魔音工坊" 正致力于深耕短视频领域, 并有望在未来继续推出更多创新功能。对于关注短视频方向的人来说, 建议及时关注 "魔音工坊" 后续推出的新功能, 以便掌握这一线生产工具的最新动态。

图 8-51　　　　　　图 8-52　　　　　　图 8-53　　　　　　图 8-54

8.8　使用Stable Audio快速生成背景音乐

8.8.1　Stable Audio简介

Stable Audio 是由知名开源平台 Stability AI 推出的音频生成式 AI 产品。用户只需通过文本提示，便能轻松生成超过 20 种不同类型的背景音乐，涵盖摇滚、爵士、电子、嘻哈等多种风格。例如，只需输入"迪斯科"或"鼓机"等关键词，相应的背景音乐便能立刻生成。Stable Audio 提供免费和付费两种版本，以满足不同用户的需求。免费版本每月可生成多达 20 首音乐，每首音乐的最长时长为 45s。接下来，将详细介绍如何使用 Stable Audio 来生成背景音乐。

8.8.2　基本用法与注意事项

01　进入Stable Audio首页，注册并登录账号。其左侧为工作区，右侧上方为预览区，右侧下方为文件存储区，右上方显示音乐生成的剩余数量，如图8-55所示。

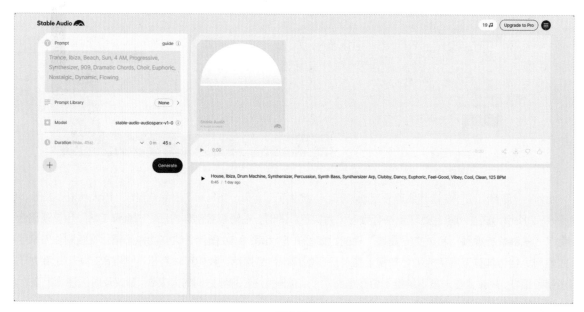

图 8-55

02　左侧功能区分别对应"文本区""曲风""模型"和"生成时长"，可以在文本区中输入提示词，也可以在"曲风"选项区域选择"曲风"并进行修改，此处将"生成时长"设定为15s，如图8-56所示。

03　单击功能区下方的+按钮，可以对声音呈现效果进行预设调整，单击对应按钮，将会在功能区显示，以供调整参数，如图8-57所示。

04　生成音乐后，即可在右侧上方预览区进行试听，如图8-58所示标注位置由左到右分别对应"再次生成""复制提示词""调整输入强度"3个功能。

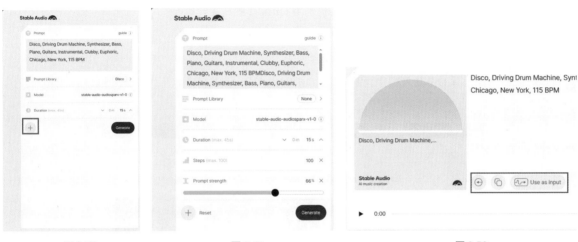

图 8-56　　　　　　　　　　　　　图 8-57　　　　　　　　　　　　　图 8-58

05　生成音频文件会在右侧下方显示，选中音频文件可以查看详细描述词并进行修改，同时也可以进行下载或分享，如图8-59所示。

06　下载格式支持MP3、WAV或Video，其中WAV格式需要注册为会员才能使用，MP3及Video格式可以免费使用，如图8-60所示。

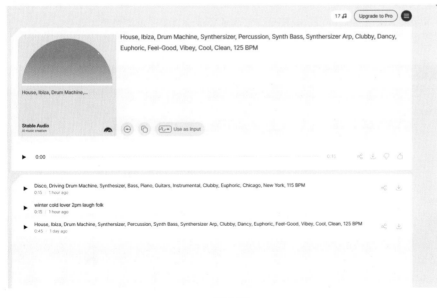

图 8-59　　　　　　　　　　　　　　　　　　　　　　　　　　图 8-60

8.9 使用Mubert快速生成背景音乐

8.9.1 Mubert简介

Mubert 可以利用人工智能技术，实现音乐的实时生成，并为客户在歌曲创作方面提供有力的支持。它主要提供两大功能：一是根据用户输入的提示词，智能生成相应的音乐素材；二是通过用户提供的链接地址，提取音乐并进行深入分析。接下来，将详细介绍如何利用 Mubert 生成背景音乐。

8.9.2 基本用法与注意事项

01 进入Mubert首页，注册并登录账号。首页上方为功能区，下方为热门音乐及热门艺术家，如图8-61所示。

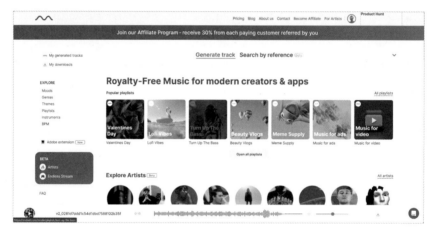

图 8-61

02 单击Generate track链接，进入创作界面，如图8-62所示标注的位置由左至右依次对应"提示词文本框""创建选择""创建时长"。单击文本框下方的or choose按钮，可以对音乐情绪和音乐类型进行调整。

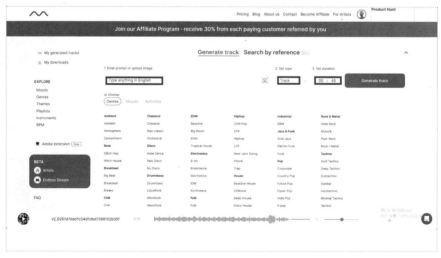

图 8-62

03 在"提示词"文本框中输入drill,hiphop,Source: 4,bass,piano，在"创建选择"下拉列表中选择Track音轨选项，设置时长为90s，如图8-63所示。

图 8-63

04　生成完成后，单击下方管理区可进行试听，单击闪电按钮，可以生成类似风格的音乐，如图8-64所示。

图 8-64

05　按照此方法再次生成音频，此时轨道上依次有4个音频，带有Remix标志的110s长的视频便是新生成视频，下方中带有Text to Music的是利用提示词生成的音频，带有Image to Music的是利用图片生成的音频，如图8-65所示。

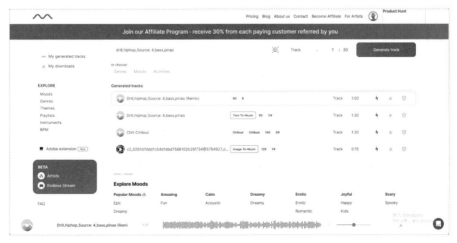

图 8-65

06 对Image to Music进行效果测试，单击文本框中的"相机"按钮，添加图片，如图8-66所示。

07 为了确保最终得到的音频质量，推荐使用人物情绪较为明显的照片进行尝试，此处使用著名摄影作品《胜利之吻》进行尝试，如图8-67所示。

图 8-66   图 8-67

08 修改时长为00:30，单击生成按钮，最终生成的音频效果氛围较为轻松、愉快，单击闪电按钮，将其时长扩展为1:30。对比两组数据，其BPM（音乐节奏）保持不变，上升半个音调，如图8-68所示。

图 8-68

09 最后单击音频中"下载"按钮，根据弹窗消息可以得知，需要标注使用视频链接地址才可以进行下载，如图8-69所示。用户可以使用自己的QQ空间、短视频平台等网址链接完成下载。

图 8-69

8.10   使用ACE Studio创作主题音乐

8.10.1   ACE Studio简介

ACE Studio 是北京时域科技精心打造的"音乐合成神器"。该系统提供了多样化的音乐类型和不同语言的 AI 歌手供用户自由选择，以进行歌曲制作。更令人惊叹的是，用户可以精准控制 AI 歌手的呼吸、气声、假声等多维度演唱参数，使生成的歌声真实度近乎人类歌手。值得一提的是，新用户完成注册后，将立即享受 14 天的免费使用期，在这期间，所有功能均可无偿使用。

8.10.2　基本功能介绍

进入 ACE Studio 首页，下载并安装 ACE Studio 软件，软件界面如图 8-70 所示。

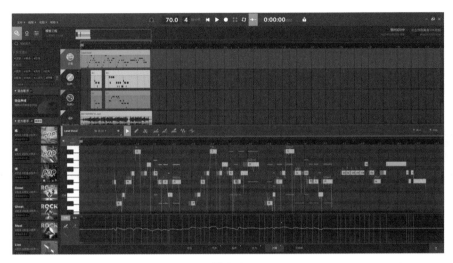

图 8-70

在软件左上方，单击"话筒"按钮选择歌手，上方为"原声语言"和"标签"，下方为该选项下对应的 AI 歌手，如图 8-71 所示。选择对应标签，在下方出现该种类标签下的所有 AI 歌手，单击下方 AI 歌手头像可以查看其声音特点。将 AI 歌手拖入右侧轨道面板中，可以选择其声音主次位置，如选择 Growl 作为主唱。

先了解 ACE 的基本面板和操作功能，上方为轨道控制功能区，默认分为"主唱""和声 1""和声 2"和"音频"轨道，单击下方空轨道，可以添加轨道，如图 8-72 所示。

图 8-71

图 8-72

选择轨道中已添加的声音轨道，此处选择之前添加的 Growl 主唱声音，在下方"声线种子"中选择种子进行混合，如图 8-73 所示。

在"音色"和"唱法"中调节 3 种声线的数值，数值较大者则会在接下来合成的声音中占据主要位置，虽然此方式需要大量调整试听，但此功能可以在 AI 声音制作方面表现出差异化，还是值得反复尝试的。单击滑动条中间的滑块，可以分别对"音色"和"唱法"进行调整，调整完成后，单击"另存为"按钮，即可制作专属声线 AI 歌手，如图 8-74 所示。

图 8-73

图 8-74

采用同样的方法，可以对和声歌手进行调整，此处选择只保留和声中主音的唱法，降低其音色表现，得到音色不同的相同演唱风格，如图 8-75 所示。音频工作区上方对应"音阶"与"歌词"，下方对应"整体音频参数"。上方窗口显示"歌词"及对应"音阶"，"方块"对应歌词部分，线条对应音调的升高或者下降，如图 8-76 所示。

图 8-75

图 8-76

音频操作工具栏与常规剪辑软件功能相似，如图 8-77 所示。

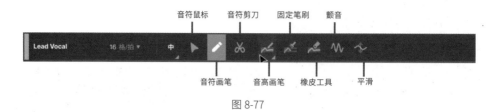

图 8-77

- "音符画笔"工具：单击对应歌词，然后单击更改目标音域，即可完成所选歌词音域的调整。

- "音符剪刀"工具：类似剪辑软件中的"切割工具"，可切割歌词音符。

- "音高画笔"工具：可调节声音曲线，对应音频曲线升高，音调则升高。

- "固定笔刷""橡皮"工具：可以对声音虚实进行修改，使整个片段表现一致。

- "颤音""平滑"工具：可以改变歌词的唱音方式。

8.10.3　基本用法与注意事项

01　以如图8-78所示的轨道示例，单击原轨道内歌词，出现"拓展"按钮。

02　单击"拓展"按钮，弹出"填充音符"对话框，将修改的歌词输入文本框中，选中"跳过延音符"和"顺延歌词填充"复选框，如图8-79所示。

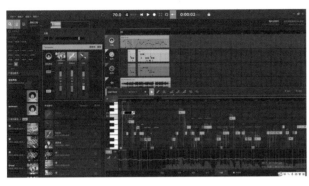

图 8-78　　　　　　　　　　　　　　　　　　　　图 8-79

03　单击√按钮后，歌词按照原格式依次输入歌词框内，其中灰色区域为辅音词，可以简单理解为音的长短，拖曳灰色方块，可以将歌词声音拉长，如图8-80所示。

04　除此之外，可以单击歌词上方的"声韵母"按钮，改变歌词的音调，需要注意的是，声韵母需要在中间用空格隔开，以免AI识别错误，如图8-81所示。

图 8-80　　　　　　　　　　　　　　　　　　　　图 8-81

05　修改完成后即可使用工具栏中的工具对声音进行整体修改，单击下方的声音选项还可以让声音更加拟人，例如，此处单击"力度"按钮提高歌词的部分音调，如图8-82所示。

图 8-82

06 单击右上方文件中的"新建工程"按钮，按照之前步骤将保存的AI歌手拖入歌手轨道，单击"导入音频"按钮，导入一段纯背景音乐素材，如图8-83所示。

图 8-83

07 选中歌手轨道，双击音符对应区域，即可创建歌词文本。按照之前的步骤进行歌词调整，如图8-84所示。

图 8-84

08 操作完成之后，单击右上角的"文件"菜单按钮，可以将制作的项目保存为工程文件。导入AU等专业音频剪辑软件中进行再编辑，也可以直接导出音频文件，如图8-85所示。

图 8-85

尽管 ACE Studio 作为一款 AI 歌曲制作平台，其操作相较于其他同类软件更为细致、复杂，从而增加了操作难度。然而，正是这种精细的操作划分赋予了 ACE Studio 更多的潜力和无限的可能性。展望未来，我们预期它不仅会成为专业音乐人的首选平台，更有可能引领歌曲创作界的新潮流，让 AI 辅助歌曲制作成为一种广受欢迎的新型音乐制作方式。

8.11　使用SUNO创作主题音乐

8.11.1　SUNO简介

SUNO 公司研发的同名基础音频人工智能软件——SUNO，内置先进的 AI 模型，能够生成栩栩如生的语音、音乐和音效。该软件为游戏、社交媒体、娱乐等多个领域注入了个性化、高度互动且引人入胜的体验。

8.11.2　基本用法与注意事项

01　进入SUN首页，注册并登录账号，单击Try the Beta按钮进入操作界面，完成注册赠送50学分，以供创作学习使用，如图8-86所示。

图 8-86

02　单击界面左上角的"创造"按钮，在歌曲描述框内输入歌词内容，此处输入drill hiphop，除此之外，不加任何描述，生成后得到歌词伴奏齐全的歌曲，如图8-87所示。

图 8-87

03 AI根据音乐风格提示词，自动生成合适的伴奏和贴近风格的歌词，如图8-88所示。

图 8-88

04 网页版的部分功能会因为网站问题出现无法使用的现象，此处可以在discord上加入SUNO频道，添加 SUNO BOT，并使用其功能，如图8-89所示。

图 8-89

05 在discord对话框中输入"/"，可以向机器人发送命令请求，此处在对话框中发送/chirp指令，如图8-90 所示。

图 8-90

06 在SUNO BOT反馈后的编辑窗口中，第一栏中填写音乐类型，第二栏中填写歌词，此处选择"中国古风类型"并输入《水调歌头》的部分歌词，如图8-91所示。

图 8-91

07 SUNO BOT在完成后会反馈两个Disco风格的音频预览，单击"播放"按钮即可下载试听，如图8-92所示。

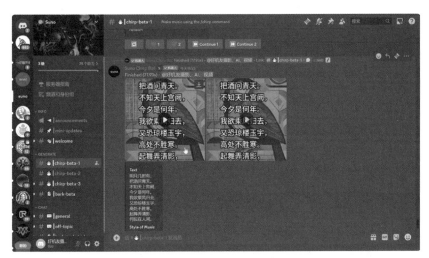

图 8-92

第9章

利用 AI 自动化生成视频

9.1 使用剪映文字成片功能高效创作视频

9.1.1 剪映的文字成片功能简介

剪映，作为抖音官方精心打造的视频编辑软件，以其卓越的剪辑功能而备受推崇。其中，备受瞩目的"文字成片"功能，为用户带来了一种全新的视频制作体验。该功能能够将平淡的文字内容转换为栩栩如生的视频，不仅自动生成解说音频，还能巧妙地融入背景音乐，从而极大地提升了视频制作的品质。其便捷性和实用性使得即使是没有专业视频编辑背景的人，也能轻松打造出具有专业感的文字成片视频。在接下来的内容中，笔者将深入剖析剪映"文字成片"功能的独特魅力。

9.1.2 基本用法与注意事项

01 打开剪映专业版，单击"文字成片"按钮，进入如图9-1所示的窗口，目前文字成片功能是免费使用的。

图 9-1

02 接下来编辑文案，可以选择"自由编辑文案"或者"智能写文案"。"自由编辑文案"是指手动输入文案，"智能写文案"是指用AI工具生成文案，两种输入界面如图9-2和图9-3所示。

图 9-2

图 9-3

03 接下来用"智能写文案"的方式来生成视频的文案，选择"美食推荐"选项，输入"美食名称""主题"，并设置"视频时长"，如图9-4所示。

图 9-4

04 单击"生成文案"按钮，AI自动生成了3个文案，如图9-5~图9-7所示。

图 9-5

图 9-6

图 9-7

05 选择其中的一个文案，进行编辑优化，此处选择了第二个文案进行了优化，内容编辑后如图9-8所示。

06 接下来为视频选择配音，此处选的是"纪录片讲解"的配音风格。

07 单击下方的"生成视频"按钮，会出现"智能匹配素材""使用本地素材""智能匹配表情包"3种成片风格，如图9-9所示。注意："智能匹配表情包"功能只有开通VIP会员资格才能使用。

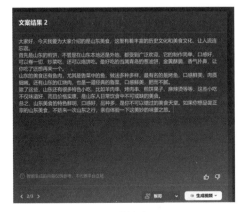

图 9-8

图 9-9

08 "使用本地素材"功能生成的视频是没有视频画面的，需要自行添加，单击"生成视频"中的"使用本地素材"按钮即可生成视频，效果如图9-10所示。注意：全部素材都需要自行上传，比较麻烦，失去了AI视频制作的便捷性。所以，此处选择"智能匹配素材"生成方式进行讲解。

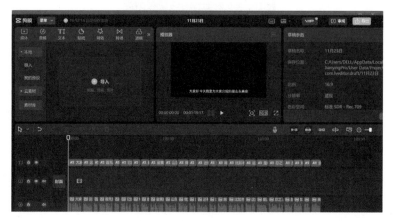

图 9-10

09 单击"智能匹配素材"按钮，开始生成视频，视频生成后跳转到视频编辑界面，如图9-11所示。

图 9-11

10 在视频编辑界面中可以进行二次编辑，对视频进行进一步优化。注意：二次编辑和之前运用剪映剪辑的方法一致，AI 生成的视频是从云端素材库中自动选择的，会出现与文案不匹配的情况，需要自行替换素材。

11 新视频编辑好后，单击右上角的"导出"按钮，即可保存视频。

9.2 使用"度加创作工具"快速生成视频

9.2.1 "度加创作工具"简介

"度加创作工具"是百度研发的一款创新的 AIGC 创作平台。该平台主要为用户提供一系列强大的 AI 创作功能，包括 AI 成片（涵盖图文成片和文字成片）、AI 笔记（智能地生成图文内容）以及独特的 AI 数字人功能。通过这些前沿的人工智能技术，"度加创作工具"致力于为用户带来更高效、更智能的创作体验。

9.2.2　基本用法与注意事项

01　进入"度加创作工具"首页，注册并登录账号，如图9-12所示。

图 9-12

02　单击左侧的"AI成片"按钮，输入视频文案。文案填充的方法有"输入文案成片"和"选择文章成片"两种方式。目前"选择文章成片"方式无法使用。此处选择"输入文案成片"方式进行操作，如图9-13所示。

03　在"输入文案成片"的右侧有"热点推荐"菜单，可添加热点文章，如图9-14所示。注意："热点推荐"功能，每日可免费使用3次。

图 9-13

图 9-14

04　单击相关热点标题，即可自动生成文案和视频素材，此处选择关于"荣耀Magic6手机"的热点话题，生成的文案和视频素材如图9-15所示。如果对生成的文案不满意可以手动修改或者使用"AI润色"功能修改。如果不使用"热点推荐"功能，也可以自己手动输入其他内容的文案。

图 9-15

05 在文案下方选择"关键素材"，选中后的素材将在合成视频中出现。此处选中的视频素材如图9-16所示。

图 9-16

06 单击"一键成片"按钮，进入如图9-17所示的界面，可以看到制作视频的整个过程。

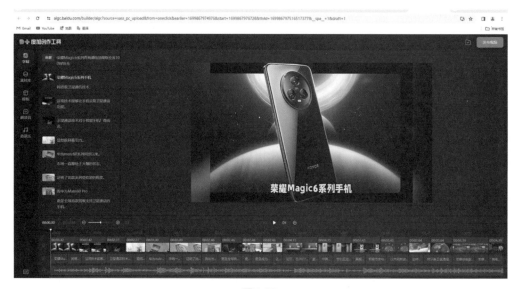

图 9-17

07 对生成的视频进行优化。单击左侧的"字幕"按钮，开始编辑字幕。可以输入30字以内的标题，也可以对原视频中的文字部分进行修改，如图9-18所示。

08 单击左侧的"素材库"按钮，在素材库中替换视频素材。"素材库"中有"推荐素材""本地素材""全网搜（素材来自百度，版权可能会受到保护）"3种素材来源，如图9-19所示。AI生成的视频来源于网络素材，会出现和内容不匹配的情况，需要人工替换相匹配的素材。

图 9-18　　　　　　　　　　　　　　　　图 9-19

09 单击左侧的"模板"按钮，为视频添加模板。模板添加完成后，会改变原视频整体的字体和背景填充，具体模板如图9-20所示。

10 单击左侧的"朗读音"按钮，选择合适的朗读声音，目前声音库中提供了20种不同风格的声音，挑选声音后可调整语速和音量，如图9-21所示。

11 单击左侧的"背景乐"按钮，添加合适的背景音乐并调整音量，如图9-22所示。

图 9-20　　　　　　　　　　图 9-21　　　　　　　　　　图 9-22

12 修改完成后，单击"发布视频"中的"生成视频"按钮，即可在"我的作品"中看到生成的视频。注意：每日可免费生成5段视频，而且该AI工具中的视频素材来源于网络，不得用于商业目的，请谨慎使用。

9.3 使用"腾讯智影"高效创作视频

9.3.1 "腾讯智影"简介

腾讯智影，作为一款云端智能视频创作利器，专注于在"人""声""影"三大领域提供强大的支持。其中，"智影数字人"作为其核心功能，为用户带来了前所未有的智能体验。在"声"的领域，"腾讯智影"提供了包括文本配音、音色订制及智能变声在内的多样化功能，充分满足了用户在不同场景下的需求。

当我们将视线转向"影"的领域，"腾讯智影"展现出了其独特的优势。借助先进的 AIGC 技术，该工具极大地提升了视频内容的生产效率与品质，使用户能够轻松创建出专业级的视频作品。

值得一提的是，新用户登录即可获得免费金币，这些金币可用于支付智能工具的使用费用。不过，部分高级功能则需要 VIP 会员权限才能使用。"腾讯智影"提供了两种会员选项："高级会员版"定价为每月 38 元，而"专业会员版"定价则为每月 68 元。

接下来，将重点介绍"腾讯智影"在"影"方面的应用，探索其如何通过 AIGC 技术为用户带来卓越的视频创作体验。

9.3.2 基本用法与注意事项

01 进入"腾讯智影"首页，注册并登录账号，如图9-23所示。

图 9-23

02 单击"智能小工具"中的"文章转视频"按钮，进入如图9-24所示的界面。

图 9-24

03 输入视频文案。文案输入有3种方法，一是输入主题词，由AI自动生成文章；二是选择热点文章，一键填充文章；三是在文本框中手动输入文案。此处选择在热点榜单内选择文章。

04 单击位于内容文本框右上角的"热点榜单"按钮。热点榜单包括"社会""娱乐""财经""教育""体育""影视综艺"六大类，每大类实时更新所选领域的热点信息，并附带热点配文，如图9-25所示。

图 9-25

05 选中热点文章，单击"使用"按钮，即可生成文章，此处选择了关于"双十一李佳琦收入"的一篇热点文章，如图9-26所示。

图 9-26

06 使用AI改写功能，对文章内容进行润色、改写或缩写，单击"AI创作"按钮，即可对文章进行优化。

07 对视频进行具体设置，在右侧编辑区设置生成视频的成片类型、视频比例、背景音乐、数字人播报、朗读音色，如图9-27所示。

08 单击"生成视频"按钮，如果生成视频的时间过长，可单击"后台生成"按钮，生成的视频可在"我的草稿"中查看，如图9-28所示。

图 9-27   图 9-28

09 单击生成的视频，自动跳转到"视频剪辑"功能板块中，可以用剪辑器进行二次编辑，如图9-29所示。

图 9-29

10 编辑好视频后，单击右上方的"合成"按钮，进入如图9-30所示的界面。

11 设置好合成参数后单击"合成"按钮，开始生成新视频。合成的新视频可在"我的资源"中查看，如图
9-31所示。

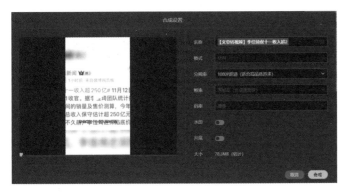

图 9-30

图 9-31

9.4 使用RUNWAY高效创作视频

9.4.1 RUNWAY简介

RUNWAY 是当前在文字生成视频和图片生成视频领域处于领先地位的人工智能软件。它能够根据文字提示
或图片智能地生成视频内容，展现出卓越的创新能力和技术水平。作为该领域的领航者，RUNWAY 为用户提供
了便捷、高效的视频生成的解决方案。

9.4.2 基本用法与注意事项

进入 RUNWAY 首页，完成注册并登录账号可以获赠 525 积分，制作 1s 的视频需要消耗 5 积分，其主界面
如图 9-32 所示。

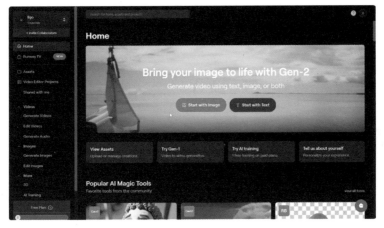

图 9-32

1. 文本生成功能

使用文本生成功能的操作步骤如下。

01 Home界面的两个选项分别对应"图片生成视频"以及"文本生成视频",单击Start with Text按钮,使用文本生成功能,如图9-33所示。

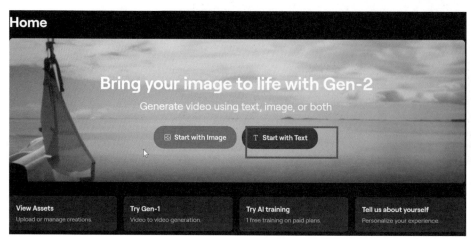

图 9-33

02 进入主要功能区,先简单了解功能区各项功能及参数,上方选项分别对应"文字生成""图片描述""图片+描述生成"3项主要功能,其下方为文本输入区,最下方为功能调节选项,AI调整生成视频质量、视觉效果调整、动态笔刷功能以及风格添加功能等,如图9-34所示。

图 9-34

03 在文本框中输入描述词进行视频生成,可借助翻译软件将提示词翻译为英文,此处输入关于古代田园人居的描述,如图9-35所示。

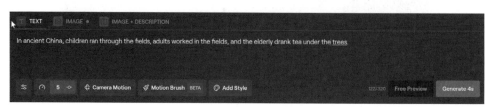

图 9-35

04 在生成的视频中可以看到，视频提取到了"古代""人""树"等关键词，但在4s的展现中只出现了简单的走动效果，如图9-36所示。

图 9-36

2．图片生成功能

使用图片生成功能的操作步骤如下。

01 接下来尝试图片生成功能，可以导入准备好的图片，也可以在Midjourney等AI图片生成网站上根据提示词生成所需图片，如图9-37所示。

图 9-37

02 单击IMAGE按钮，上传生成的图片，单击Generate按钮，如图9-38所示。

图 9-38

03 经过AI渲染，人物之间产生动作互动，背景树叶出现飘落效果，同时AI加重了原本在图片中出现的漫画效果，这就是AI图片生成视频的初步效果，如图9-39所示。

图 9-39

04 进行强度调试。将强度值提升至8，得到的视频动态效果更加丰富了，人脸部分也会发生变化，如图9-40所示。

图 9-40

05 在第一轮尝试的过程中，图片生成视频效果欠佳可能是因为AI生成视频对写实结合漫画风格图片演练不足导致，这里重新导入一张由Midjourney生成的"国风"类型风格图片进行测试。将此图片导入后，其他强度值保持默认，生成的效果如图9-41所示。

图 9-41

06 在图片风格统一的情况下，画面生成效果更加出众，羽毛位置有了轻微的动画效果。将强度值调整为8后再次生成，翅膀增添了"飞翔"的视觉效果，而且阴影部分的细节也更加丰富，如图9-42所示。

图 9-42

3．图文生图功能

使用图文生图功能的操作步骤如下。

01　选择没有人物面部特征的图片进行尝试，此处将一幅描绘"情侣并肩前行"的图片导入IMAGE+
　　DESCRIPTION中，输入提示词"缓慢前行并靠在一起"，保持默认强度值及其他参数，单击生成按钮，
　　如图9-43所示。

图 9-43

02　在此强度下，画中人物缓慢牵手前行，基本符合描述，但画面仍然存在瑕疵，人物腿部位置还是出现了变
　　形的情况。将强度值调整为8，再次生成视频，画面光影细节更加丰富，水面出现雾气效果，画面整体细
　　节增强，如图9-44所示。

图 9-44

4. 动态笔刷功能

"动态笔刷"功能能够精准实现画面局部区域的动态效果。用户只需用笔刷覆盖目标物体，并调整其运动方向，即可让画面中的物体按照预设的方向移动，从而轻松达到理想的动态视觉效果。

01 单击Motion Brush按钮，上传素材图片，使用笔刷工具将车辆覆盖，如图9-45所示。

图 9-45

02 单击修改下方的三维运动效果，在Y轴上选择向下运动的视觉效果，单击Save按钮，如图9-46所示。

图 9-46

03 生成后查看效果，画面视觉中心的车辆向下运动直至移出画面，但在最终的生成视频中，画面跟随车辆向前移动，如图9-47所示。

图 9-47

04　单击IMAGE-DESCRIPTION按钮，并添加描述，通过提示词控制只有车辆运动，视频效果如图9-48所示。

图 9-48

05　更换图片素材再次按照前几步进行操作，用动态笔刷绘制汽车前行的动态效果，汽车匀速向前运动，并且没有产生任何变形问题，如图9-49所示。

图 9-49

通过使用当前版本的 RUNWAY 免费版，我们发现在处理画面元素相对简单的素材转换时，其功能表现尤为出色。虽然某些运动效果的实现相对轻松，但为了达到理想的呈现效果，可能需要进行多次微调。值得注意的是，在 RUNWAY 中，文字描述功能虽然存在，但其对最终效果的影响并不显著。视频画面的生成仍然以 AI 为主导，并且随着 AI 强度的提升，其主导的比重也会相应增加。

因此，在使用过程中，为了得到最佳效果，需要确保素材文件的画面元素与文字描述保持一致。同时，通过灵活运用动态画笔和视觉控制工具进行多次精细调整，才能最终获得令人满意的效果。

第 10 章

AI 在塑造与驱动数字人中的实践应用

10.1 用剪映数字人进行高效创作

10.1.1 剪映数字人简介

剪映提供了众多内置的数字人物形象供用户选择，这些形象各具特色，用户可以根据自己的喜好和需求来挑选。剪映的数字人功能丰富多样，主要包括利用数字人进行详细的产品解说或知识普及，借助数字人进行歌曲演唱、舞蹈表演，甚至进行游戏直播。此外，用户还可以根据自身的创意和需求，充分挖掘数字人功能的多元化潜力。

10.1.2 基本用法与注意事项

01 打开剪映专业版，添加相关视频、文字等素材，全选所有字幕，在文字效果功能编辑区中单击展开"数字人"菜单，数字人形象如图10-1所示。目前，剪映主要提供了15个数字人，每一个数字人对应一个名字和风格，这些数字人都是可以免费使用的。

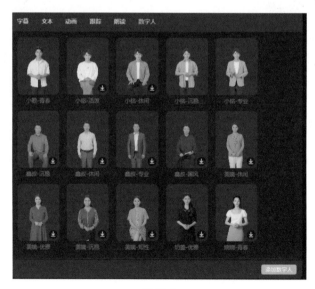

图 10-1

02 选择数字人后，单击右下角的"添加数字人"按钮。此处选择了"小铭—专业"数字人，数字人渲染完成后，视频画面如图10-2所示。

03 单击数字人视频轨道，进入数字人功能编辑区，对数字人进行具体设置，如图10-3所示。

04 除了选择数字人的形象，还可以设置数字人的景别。单击"数字人形象"下的"景别"按钮，有"远景""中景""近景""特写"4种景别可供选择，如图10-4所示。

图 10-2

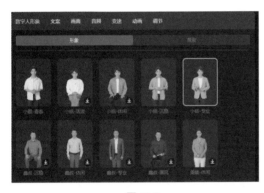

图 10-3

图 10-4

05 单击"文案"按钮，对数字人所说的话进行编辑修改，文字修改完成后单击右下角的"确认"按钮，会重新生成数字人音频，数字人也会重新进行渲染，编辑后的文案如图10-5所示。

06 单击"画面"按钮，调整数字人的"位置大小""混合"参数及进行"智能转比例"，如图10-6所示。注意："智能转比例"功能只有VIP会员才可使用。

图 10-5

图 10-6

07 单击"音频"按钮，对数字人的声音进行基本设置，可以调整其音量，选择淡入及淡出的时长，进行音频降噪，如图10-7所示。注意：剪映目前是无法将"响度统一""人声美化""人声分离"等功能应用到数字人中的。

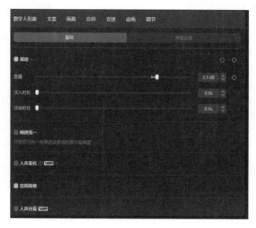

图 10-7

08 单击"变速"按钮，对数字人的声音进行"常规变速"或者"曲线变速"，如图10-8和图10-9所示。

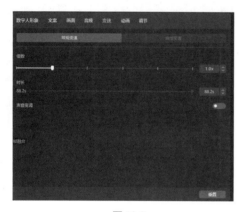

图 10-8

图 10-9

09 单击"动画"按钮，添加数字人的"入场""出场""组合"动画方式，并设置动画时长，如图10-10所示。

10 单击"调节"按钮，对数字人进行基础、HSL、曲线、色轮调节，如图10-11所示。

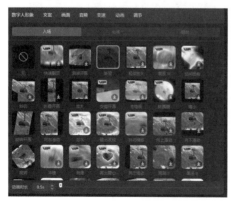

图 10-10

图 10-11

11　设置完成后，单击"应用全部"按钮，即可全部应用到数字人画面中，视频工程界面如图10-12所示。

图 10-12

12　在视频原声音轨道中单击"关闭原声"按钮，并对整个视频编辑优化后，单击"导出"按钮，即可保存视频文件。

10.2　用"硅语数字人"进行创作

10.2.1　"硅语数字人"简介

"硅语数字人"是硅基智能自主研发的创新产品，它融合了 AI 语音交互技术，塑造出一种新颖的"硅基生命形态"。这项技术汇集了语音克隆、语音交互、3D 建模，以及表情和动作驱动等先进功能，从而能够活灵活现地模仿人类的形象和声音。它广泛应用于各行各业的咨询、营销、客服、娱乐等服务领域，为用户带来专业、科技感强烈且全新的互动体验。

与其他数字人工具相比，"硅语数字人"的独特之处在于其能够复刻真人形象，并且具备出色的交互性。但请注意，这些高级功能是需要付费使用的。接下来，将详细介绍"硅基 AI 数字人"的具体使用方法。

10.2.2　基本用法与注意事项

进入"硅基 AI 数字人"首页，注册并登录账号，如图 10-13 所示。目前，"硅语数字人"有固定数字人、克隆订制数字人两种应用方式，接下来分别对其进行介绍。

图 10-13

1. 硅语固定数字人

01 单击左侧"工作台"中的"快速创建"按钮，进入如图10-14所示的界面。

02 单击左侧菜单中的PPT或Word按钮，上传PPT或Word格式的素材，也可以在"模板"中选择想要的模板一键添加，提供的模板如图10-15所示。

图 10-14   图 10-15

03 选择模板后进行添加，此处添加的模板效果如图10-16所示。

04 单击左侧的"模特"按钮，挑选合适的数字人形象，如图10-17所示。目前"硅语数字人"库中虽然只有2D数字人形象，但是风格多样。注意：会员专享的数字人中也有免费使用的数字人，不过会限制使用次数，每天最多合成10次，每次合成的视频长度在60s以内。

05 单击画面上方的按钮，可以重选模特、调整图层，或者将数字人应用到全局，如图10-18所示。

06 单击画面下方的按钮，选择配音风格和讲解内容，如图10-19所示。

图 10-16　　　　　　　　　　　　　　　　图 10-17

图 10-18　　　　　　　　　　　　　　　图 10-19

07 单击右侧菜单，根据需求添加"背景""图片""音乐""视频""文本""字幕""滤镜"以及设置"界面属性"等，如图10-20所示。

08 设置完毕后，单击界面右上角的"合成"按钮，即可生成视频。

图 10-20

2．硅语形象克隆数字人

"硅语形象克隆数字人"服务包含"形象克隆基础版"与"形象克隆高阶版"两款产品，均需付费使用。"形象克隆基础版"定价为 4000 元，服务有效期为 365 天；而"形象克隆高阶版"则提供更为精细的服务选项，其中"形象克隆 - 高阶版"定价 8000 元，"形象克隆 - 高清版"定价 10000 元，同时提供"直播 - 基础场景克隆"和"直播 - 高级场景克隆"服务，分别定价 10000 元和 20000 元，各项服务有效期同样为 365 天。

在每次订制数字人形象时，会额外获赠 500 分钟的数字人视频合成时长，该赠送时长有效期为 180 天。若超出赠送的时长，可以选择购买会员服务或单独充值视频合成时长。请注意，续费套餐中不包含额外的视频合成时长赠送。接下来，将详细介绍"硅语形象克隆数字人"两款服务版本的使用方法。

3．形象克隆基础版

01 单击"工作台-创意工具"中的"形象克隆基础版"按钮，进入如图10-21所示的界面。

图 10-21

02 根据右侧"标准示例"上传视频，并在左上方添加数字人的名字。如果需要"扣绿幕"，则需要选中右上方的"绿幕"复选框。注意："形象克隆基础版"克隆的数字人不可以同步到直播平台使用。

4．形象克隆高阶版

01 单击"工作台-形象定制"中的"开始定制"按钮，进入如图10-22所示的界面。

图 10-22

02 在"定制模型"菜单中提供"通用模型定制"和"直播模型定制"两类选项，如图10-23所示。"通用模型定制"又分为"形象克隆-高阶版"和"形象克隆-超清版"，两者的区别在于所需上传视频的分辨率不同，"形象克隆-高阶版"要求上传的视频分辨率不低于2K，"形象克隆-超清版"则要求上传的视频分辨率不低于4K；"直播模型定制"包含"直播-基础场景克隆"和"直播-高级场景克隆"两种选项。其中，"直播-基础场景克隆"需要上传的视频分辨率不低于1080P，而"直播-高级场景克隆"不仅要求上传的视频分辨率不低于4K，而且还需要上传4个不同镜头的视频进行拼接训练。

03 具体操作和基础版类似，需要根据"标准示例"上传视频，并填写数字人的名称。不同的是，形象克隆高阶版需要上传授权书或授权视频，所要上传的授权书如图10-24所示。

图 10-23

图 10-24

10.3　使用HeyGen数字人进行高效创作

10.3.1　HeyGen简介

HeyGen 作为人工智能技术领域的领军企业，凭借其"数字人语音"功能在全球声名大噪。随着产品的不断升级，HeyGen 现已支持数字人订制、语言转换、声音克隆等多项先进功能。

10.3.2　基本用法与注意事项

进入 HeyGen 首页，注册并登录账号，如图 10-25 所示。

图 10-25

10.3.3 数字人功能

1. 模板数字人功能

01 数字人功能是HeyGen的成名之作，在首页中单击Instant Avatar按钮，即可使用下方的模板数字人；单击
Photo Avatar按钮，即可使用其中的虚拟形象模板人，如图10-26和图10-27所示。

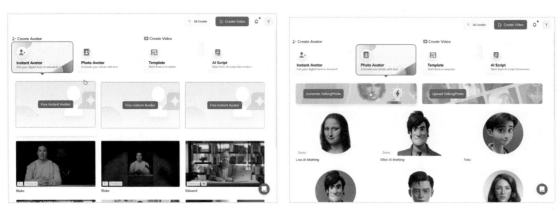

图 10-26　　　　　　　　　　　　　　　　　　　图 10-27

02 单击选中数字人形象，在其设置选项中单击Edit Avatar按钮，编辑数字人，如图10-28所示。

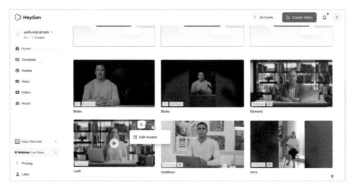

图 10-28

03 进入"数字人形象"编辑界面，编辑界面右侧选项可以对人物景别、背景、衣服、面部特点、声音音色进
行修改，如图10-29所示。

图 10-29

04 单击Voice按钮，选择中文配音，再根据需要选择合适的场景，单击右上方的Save as New按钮保存，如图10-30所示。

图 10-30

05 在首页的Avatar中，可以查看保存的数字人形象，单击对应数字人的"播放"按钮，进入创作界面，单击Creative Video按钮并进行画幅选择，如图10-31所示。

图 10-31

06 将文本内容输入文本框中，单击下方的播放按钮进行预览，视频总时长会显示在时间轴上，如图10-32所示。

图 10-32

07 单击右上角的Submit按钮，即可完成视频生成，每30s花费0.5积分。导出完成后，即可在Video选项区域中查看进度，并在完成之后进行下载，如图10-33所示。

图 10-33

2. 图片生成数字人

在了解了数字人的使用方法后，即可尝试利用已有图片完成订制数字人的创建。

01 单击Photo Avatar中的Upload链接，选择图片并上传，如图10-34所示。

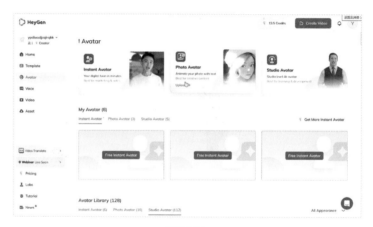

图 10-34

02 与之前模板数字人中的操作步骤略微不同，图片上传后只需要选择"画幅""语言"即可，选择完成后单击Save as New按钮，如图10-35所示。

图 10-35

03 在Avatar中，查看保存的数字人形象，在Photo Avatar中找到创建的数字人形象，单击播放按钮进入创作界面，单击Creative Video按钮并选择画幅，如图10-36所示。

图 10-36

04 再次进入相同界面，除了"数字人形象"不同，其他别无二致。按照同样的步骤进行语音朗读、试听、编辑语速、建立导出，最终生成的效果如图10-37所示。

图 10-37

3．视频生成

在 2023 年 12 月 5 日发布的 Instant Avatar（也被称为 Avatar 2.0）中，用户只需花费 5min，便能通过手机轻松创建自己的虚拟分身。这款应用支持多种语言，并内置翻译工具，使用户能够轻松创建多语言内容。此外，它还具备口型同步功能，可以实现精准的口型匹配和多语言声音对应。具体的操作步骤如下。

01 单击Instant Avatar按钮，再单击"免费虚拟分身"按钮，如图10-38所示。

02 在"上传"界面，需要上传一段360P以上清晰度，时长至少2min，确保画面清晰的视频，全选下方复选框，单击My Footage Looks Good按钮，如图10-39所示。

03 为保护个人隐私安全，防止非法盗用，在视频上传完成后需要进行人脸验证，以证明是本人进行操作，通过此方式验证才可进行后续操作，如图10-40所示。

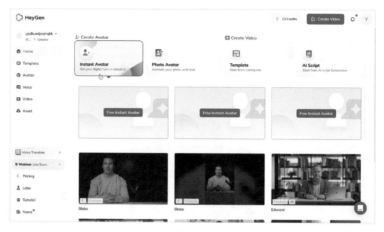

图 10-38

图 10-39

图 10-40

04 视频生成时间为2~5min，生成完成后在Avatar中，查看保存的数字人形象，单击进行创作，进入数字人界面，如图10-41所示。

05 将文本框中的中文翻译为英文，再次进行尝试。最终所得效果甚至强于中文输出效果，以同样的方式进行"法语""日语"输出，所得效果皆令人满意。

图 10-41

4．视频翻译功能

视频翻译功能可一键操作，无缝地将所上传的视频进行翻译。通过提取视频中的声音，生成不同语种和文本内容的新视频，实现语言之间的轻松转换。具体的操作步骤如下。

01　单击Video Translate按钮进入视频翻译界面，在"目标语言"下拉列表中选择要翻译的语言，目前支持"英语""汉语""保加利亚语""克罗地亚语"在内的6种语言，如图10-42所示。

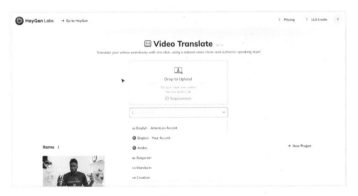

图 10-42

02　单击上传按钮，将视频文件上传。需要注意的是，视频长度要在30s~5min。此处选择英语口音，并单击"翻译"按钮，如图10-43所示。

图 10-43

03　本视频素材为声音克隆中的"法语+中文合集"，任务完成后打开项目文件进行试听，无论是前半部分的法语部分，还是后半部分的汉语部分，在语速语调方面均保持一致，单击Download按钮即可下载保存文件，如图10-44所示。

图 10-44

10.3.4　HeyGen数字人应用

作为一套成熟且完备的"数字人功能"应用，HeyGen 已在电商、宣传、短视频等多个领域得到广泛应用。接下来，将详细介绍如何制作精良的"数字人视频"。具体的操作步骤如下。

01　仍然以介绍类数字人为例，利用模板数字人进行创作，单击选中数字人，在上方工具栏中调整数字人的位置，如图10-45所示。

图 10-45

02　调整数字人的位置后，单击右侧的工具栏，可以在画面中添加贴纸，单击其中的"屏幕"贴纸，将其加入画面中，如图10-46所示。

图 10-46

03　左侧工具栏从上到下分别对应"项目""数字人""文本工具""贴纸"以及"上传"，在上传中选择上传之前制作的视频，并将其拖入画面中，如图10-47所示。

图 10-47

04　继续添加"文字"和"贴纸"，并通过单击图中的"贴纸"或"文字"按钮改变其层级关系，避免出现遮挡现象，如图10-48所示。

图 10-48

05　调整完成后，在文本框中输入所需文字并调整"语速"和"语调"，时间轴内的贴纸和文字会自动与视频时长对齐，如图10-49所示。

图 10-49

06　如果在视频创作中没有合适的脚本，在首页中单击AI Scriot按钮进行AI脚本创作，在Topic中输入主题——Love，选择输出语言为中文，在Tone中选择情绪描述为sad，并在下方添加描述中给出简短提示词，准备完成后单击下方的生成按钮，脚本效果如图10-50所示。

图 10-50

07　AI根据给定提示词生成脚本并预览，单击左下方的Re-Generate按钮可以重新生成脚本，单击右下方的Creative Video按钮可以进入"数字人视频"创建区，并且根据文本自动生成语音预览，如图10-51所示。

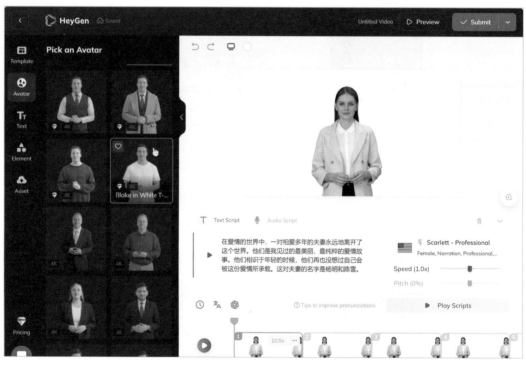

图 10-51

08　根据要求对视频内容进行添加、修改、导出，加载完毕之后即可下载文件。

　　HeyGen 的广阔商业前景得益于其丰富的功能集合。除了独特的数字人功能，HeyGen 还内置了设计类的 Canva 软件、对话类的 CHTGPT Plugin 软件、视频解析类的 URL to Video 软件，以及智能图片类的 Text to Image 软件。用户只需单击 Labs 按钮，即可轻松查看并使用这些功能，如图 10-52 所示。加之 HeyGen2.0 新增的视频翻译功能，无疑使其成为视频创作者不可或缺的一款软件。

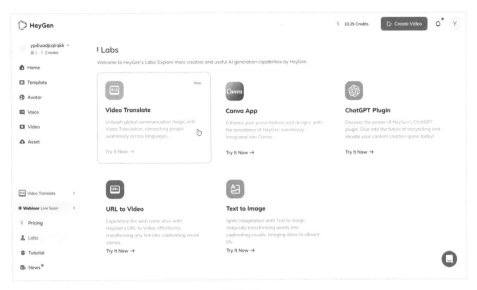

图 10-52

10.4 使用D-ID数字人进行高效创作

10.4.1 D-ID简介

D-ID, 全称为"去中心化身份"(Decentralized Identity),是一款开源的 AI 数字人制作工具。用户在初次登录并完成注册后,将会获得 20 个创作点作为赠品。值得注意的是,每生成一段 15s 的视频将会消耗 1 个创作点。

10.4.2 基本用法与注意事项

进入 D-ID 首页,注册并登录账号,如图 10-53 所示。

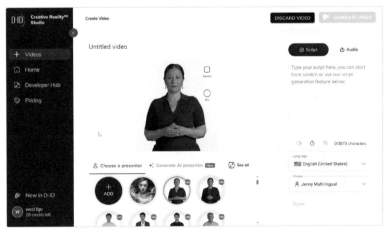

图 10-53

1. 数字人功能

使用数字人功能的具体操作步骤如下。

01 D-ID主要提供两个数字人功能。在Choose a Presenter选项中，根据景别提供不同人种的数字人形象，如图10-54所示。

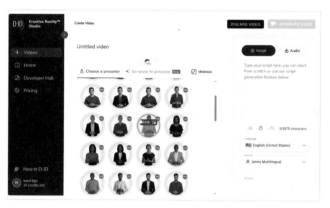

图 10-54

02 选择数字人形象，进入数字人生成界面，单击数字人形象中的Square按钮，可以更改画幅；单击BG按钮，可以更改背景色。文本框最多支持输入3875个字符，将文案输入其中，除了可以在下方进行语言属性的修改，还可以单击文本框中的"魔法棒"工具进行文本润色，如图10-55所示。

图 10-55

03 文案修改完成之后，单击文本框中的"播放"按钮进行试听。确认无误单击GENRATE VIDEO 按钮，下载保存，如图10-56所示。

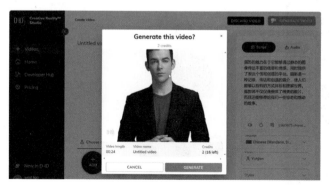

图 10-56

04　在数字人选择界面，单击ADD按钮，可以上传图片生成数字人形象，重复文本语言设置操作并将生成的文件下载保存，如图10-57所示。

图 10-57

05　除了D-ID提供的语音选项，单击Audio按钮可以上传自己声音的音频格式文件，或者单击下方的Record your own voice按钮进行在线配音，如图10-58所示。

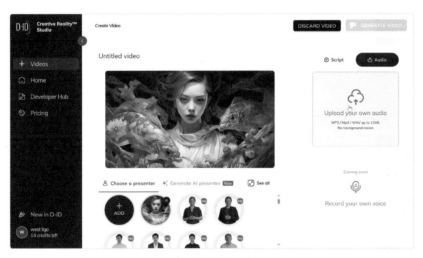

图 10-58

06　选择文件进行上传，单击"播放"按钮试听后进行下载，生成的数字人形象会随着文本的朗读，并完成口形同步，如图10-59所示。

图 10-59

2．虚拟数字人功能

在 Generate AI presenter 功能中，可以根据提示词选择合适的虚拟数字人形象进行使用，如图 10-60 所示。具体的操作步骤如下。

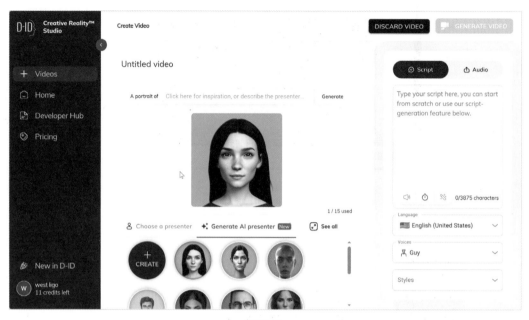

图 10-60

01 在"提示词"文本框中输入提示词，此处输入cute，并单击查找，查找结果如图10-61所示。

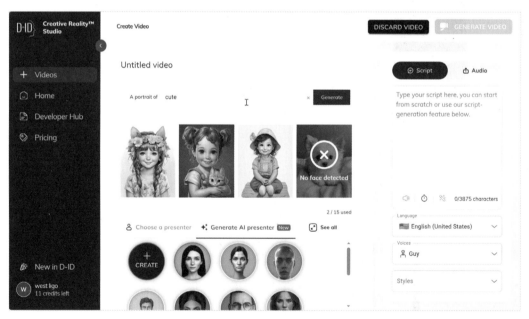

图 10-61

02 单击添加对应形象，或者在"提示词"文本框中输入更多提示词进行查找选择。将形象添加至形象库内，即可进行后续操作，如图10-62所示。

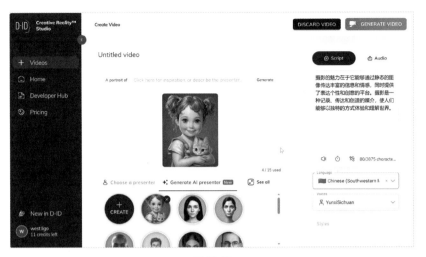

图 10-62

03 在首页中单击项目即可查看详情，并根据虚拟形象模型生成3D数字人形象，如图10-63所示。

图 10-63

第 11 章

AI 驱动下的副业创新

11.1 利用AI制作微信红包封面

11.1.1 项目分析及市场前景

春节微信红包已成为企业宣传的有力工具。企业通过巧妙设计特色红包封面，并融入自身品牌元素，从而有效提升品牌的知名度和关注度，同时也大大增加了用户的互动参与度。此外，微信红包的分享功能使品牌信息传播得更广，助力品牌口碑的积累和扩散。与过去依赖 Photoshop 等传统工具进行烦琐的手动制作不同，如今借助 AI 技术，红包制作流程得以大幅简化，效率显著提升。AI 所绘制的封面图案不仅美观炫目，而且节日氛围浓厚，为红包设计注入了新的创意和可能性。这种技术革新不仅节省了人力成本，还降低了设计费用，从而提升了整体经济效益。

AI 制作微信红包封面包含 3 个核心步骤。

- 利用Midjourney、LibLib AI等AI绘画平台，生成独具特色的封面图像。

- 在微信红包封面开放平台上，将这些图像转化为实际的红包封面。

- 将精心制作的红包封面进行免费发放，或者作为副业项目来推广发放。

  接下来，将详细阐述这 3 个步骤。

11.1.2 用Midjourney生成封面图像

用 Midjourney 生成一张所需的图像（使用前面所讲的其他的 AI 绘图软件也可以操作）如图 11-1 所示，此处生成的图像如图 11-2 所示。

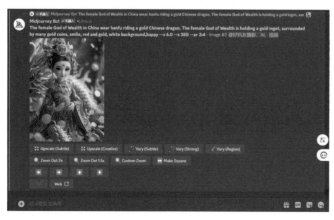

图 11-1

图 11-2

11.1.3　在微信红包封面开放平台生成红包封面

在微信红包封面开放平台生成红包封面的具体操作步骤如下。

01　进入微信红包封面开放平台，注册并登录后进入微信红包封面开放平台的首页，单击左侧菜单中的"我的红包封面"链接，进入如图11-3所示的界面。需要注意的是，"微信红包封面平台"目前面向完成企业认证的微信公众号用户，或者粉丝数达100的视频号/公众号个人用户开放，所以注册前一定要满足视频号和公众号的要求。

图 11-3

02　单击"去定制"按钮，进入订制封面的设置界面，如图11-4所示。

图 11-4

03　填写"基本信息"，在"封面简称"文本框中输入封面的名字，并上传品牌Logo图片，要严格按照格式规定填写和上传，否则会导致上传失败。"封面简称"最多填写8个字，可以使用公众号名称或主体名称中的字号。如使用注册商标名称命名，需要在下方上传相关证明材料。此处填写的封面简称和品牌Logo如图11-5所示。

图 11-5

04 进行封面设计。单击"上传"按钮，依次上传"封面图""封面挂件"和"气泡挂件"，如图11-6所示。此处在"封面图"一栏上传了用Midjourney生成的图像，如图11-7所示。其中"封面图"为必填项，"封面挂件"和"气泡挂件"可以选填，具体格式要求如下。

图 11-6

图 11-7

- 封面图：图片格式为PNG、JPG或JPEG；尺寸为957像素×1278像素；不超过500KB；视频格式为MP4；视频宽高比建议为3:4；分辨率低于4K；时长1~3s；文件不超过20MB；帧率在30fps以内；码率不高于3000kbit/s；视频编码为H.264/AVC；yuv格式为420。

- 封面挂件：图片格式为PNG；尺寸为1053像素×1746像素；不超过300KB；视频格式为PNG序列帧；PNG图片尺寸为1053像素×1746像素；将视频（时长1~3s）以24fps的帧率导出序列帧；全部图片打包为一个ZIP压缩包上传，压缩包尺寸不超过20MB。

- 气泡挂件：图片格式为PNG；尺寸为480像素×384像素；不超过300KB。

05　根据需求情况添加"封面故事"，如图11-8所示。"封面故事"可以讲述封面创作的背后故事，可以添加对应的视频、图片、文案、小程序或公众号。进入红包详情页即可看到"封面故事"。具体格式要求如下。

图 11-8

- 图片：格式为PNG、JPG或JPEG；750像素×1250像素；文件不超过300KB。

- 视频：公式为MP4（H.264/AVC）；最长为15s；yuv格式为420；视频宽度不低于720像素；宽高比在16:9~3:5；码率不高于1600kbit/s；文件不超过10MB。

06　若封面中包含美术作品、注册商标、人物肖像或涉及版权，需要在证明文件中上传《作品登记证书》《商标注册证》、商标/肖像权/版权授权书等证明材料，授权书有效期需要截至封面提审后的6个月及以上，如图11-9所示。

图 11-9

07　单击"预览"按钮，即可浏览封面设计效果。在提交前，建议先使用手机预览整体效果，包括所有已上传内容在接收红包过程中的真实体验效果。如果扫描后出现二维码无效等情况，建议先升级手机微信版本。

08　单击下方的"提交"按钮，进入审核阶段，如图11-10所示。审核周期一般为3个工作日。对于属于以下情形的红包封面，审核期限将延长到一个月，同时订制方需要在"证明材料"中补充上传相应材料。封面中存在外文、少数民族语言文字内容的，需要提供完整、准确的中文翻译。封面中存在任何宗教、民族、政治性质的图腾、人物、神兽、符号、法器等元素的，需要提供该等元素的详细说明。此处审核通过的封面如图11-11所示。

图 11-10

图 11-11

09 在购买使用红包封面之前可进行红包封面试用，查看使用效果，单击"试用封面"按钮，即可扫码领取试用，具体试用规则如图11-12所示。

图 11-12

10 单击"下一步"按钮会出现二维码，扫描二维码即可领取试用红包封面。

11 如果效果满意，可以单击"购买"按钮，购买红包封面，具体购买规则如图11-13和图11-14所示。

图 11-13

图 11-14

11.1.4 红包封面的"玩法"

1. 玩法方式

购买红包封面后，可以有两种不同的"玩法"。

首先，对于企业品牌而言，红包封面可以作为一种特别的福利赠送给粉丝。在春节、特定节日或品牌活动期间，设计和推出富有品牌特色的专属红包封面，不仅能满足粉丝对个性化表达的需求，还能显著提升品牌的曝光度和认知度。这种策略不仅能拉近企业与粉丝之间的距离，增强粉丝的忠诚度，还能在社交网络上引发广泛的二次传播，为品牌推广带来积极效果。

其次，对于个人用户来说，微信红包不仅是与朋友互动、增进感情的工具，还可以成为增加收入的小项目。具体营收方式如下。

- 可以在媒体平台上发布关于制作微信红包封面的内容，通过买壁纸送红包封面、买表情包、送红包等相关话题吸引关注，将流量引入私域，提供一对一的订制壁纸和微信红包封面服务。

- 可以开设社群，收取一定的社群费用，并承诺加入社群的成员可以每天获得更新的红包封面。

- 可以单纯为客户提供红包封面设计服务（只订制图片，不订制红包封面）。在这种情况下，只需使用绘图软件按照上传封面的比例格式为客户进行绘图。与第一种方式类似，也可以通过自媒体平台进行引流，或者通过直播在线绘图的形式吸引客户。

这些"玩法"不仅增加了红包封面的趣味性和实用性，还为用户提供了更多创收的机会。

2. 具体发放方式

红包封面的发放方式包括领取二维码、领取序列号和领取链接。在选择完具体的发放方式后，还可以根据实际需求选中"裂变发放"复选框，如图 11-15 所示。接下来，将对这几种发放方式进行详细介绍。

- 裂变发放：当选择可多人领取的红包封面时，可以同时选中"裂变发放"复选框。设置后，可以借助分享功能，将封面扩散给自己的朋友，从而加快领取速度。封面将持续裂变，直到本次发放数量全部领完。例如，用户A将封面裂变给用户B和用户C后，用户B和用户C还可以继续裂变给更多用户。这种方式既适合企业品牌作为福利发放，也适合朋友间的交流互动。

  » 裂变方式1：用户在领取封面时，可以直接将封面的领取链接分享到微信聊天中，分享入口如图11-16所示。接收到分享链接的用户会看到如图11-17所示的界面，方便领取红包封面。

图 11-15　　　　　　　　　　图 11-16　　　　　　　　　图 11-17

  » 裂变方式2：用户使用封面发红包时，红包的接收方也可以领取同款封面，如图11-18所示。

- 领取二维码：适用于线下扫码或线上长按图片识别码领取红包封面。线下场景需要订制方具备印刷二维码物料的能力。这种方式适合个人订制封面进行营收。完成客户订制服务后，生成相关二维码，让客户扫描获取封面。一人领取时单次发放上限为2万个，多人领取时单次发放上限为100万个。

- 领取序列号：需要将手机微信更新至最新版本，在发红包界面，进入"红包封面"→"添加红包封面"，输入有效的领取序列号，即可领取红包封面，如图11-19所示。这也适用于个人订制封面进行营收。一人领取时单次发放上限为50万个，多人领取时单次发放上限为100万个。

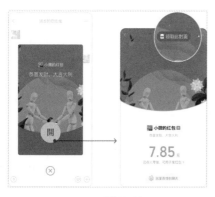

图 11-18   图 11-19

- 领取链接：在微信内打开领取链接即可领取红包封面，如图11-20所示。领取链接是最通用的发放方式，订制方可以将领取链接配置在小程序、公众号文章、H5链接中。这种方式适用于个人社群发放营收，收取社群费用后，把链接发到社群，进群的客户可以免费领取，如图11-21所示。一人领取时单次发放上限为50万个，多人领取时单次发放上限为100万个。

图 11-20   图 11-21

11.2   AI姓名头像副业项目

11.2.1   项目分析及市场前景

AI 姓名头像副业项目，作为短视频领域内新兴且备受欢迎的副业创收项目，以其低成本投入和高收益回报的特点脱颖而出。在当前环境下，随着个性化需求的不断增长，私人订制个性化头像的需求也日益旺盛。特别是那些以艺术化手法巧妙设计，并能展示个人名字特色的独特头像，更是受到了大众的广泛喜爱和追捧，如图11-22 和图 11-23 所示。这一项目不仅满足了人们对于个性化表达的需求，同时也为创作者提供了一个富有创意和潜力的收入来源。

图 11-22   图 11-23

从市场竞争的角度来看，虽然市场上充斥着各式各样的头像设计，但专注于艺术化设计姓名头像的细分市场却供不应求，真正提供此类服务的项目寥寥无几。对比广泛的个性化需求与有限的竞争格局，不难发现这一领域蕴藏着巨大的市场需求和待挖掘的商机。

以往，这种艺术化头像的制作难度大，难以实现规模化生产，因而无法通过规模效益来降低成本。然而，随着 AI 技术的运用，现在我们可以轻松实现头像的批量制作，从而在降低成本的基础上，以更亲民的价格吸引客户，形成薄利多销的良性循环。

AI 姓名头像副业项目的操作相对容易。简单来说，就是利用 AI 工具创作出个性化的姓名头像，再将这些头像制作成短视频以吸引流量，最终将流量转化为购买力，实现盈利。如今，已有不少自媒体人将这一项目作为副业，并成功吸引了大量粉丝，实现了可观的收益。如图 11-24~ 图 11-26 所示，这些成功案例都证明了该项目的可行性和盈利潜力。

图 11-24   图 11-25   图 11-26

AI 姓名头像副业项目包含 3 个核心步骤。首先，利用 Km Future AI 工具或其他 AI 绘画工具，如 Stable diffusion、堆友、LibLib AI 和神采等，制作出个性化的姓名头像。这是整个项目的基础，需要充分发挥创意，确保头像的艺术性和个性化。

接下来，进入第二个步骤，即利用剪映等视频编辑工具，将制作好的姓名头像融入短视频中，从而生成具有吸引力的引流视频。这一步骤需要注重视频的剪辑技巧和内容的创新性，以吸引更多观众的关注。

最后，通过发布和分享这些精心制作的短视频，进行有效的引流。通过在不同平台上的推广，吸引潜在客户，最终实现流量变现。

11.2.2 使用Km Future制作姓名头像

01 下载Km Future App，注册并登录账号，如图11-27所示。

02 点击上方的"AI签名"按钮后，再点击下方的"开始制作"按钮，即可开始设置姓名头像。

03 按照个人需求选择文字模式，并在文本框中根据所选的文字模式输入相应的文字。此处选择了"姓氏"文字模式，并在文本框中输入了"韩"字，如图11-28所示。

图 11-27   图 11-28

04 根据个人偏好选择喜欢的字体模板和模型，此处选择了"兰亭繁体"的字体模板和"辰龙"的模型，如图11-29所示。

05 单击下方的"生成签名"按钮，即可生成姓名头像，AI最终生成的头像如图11-30所示。注意：新用户注册送15点会员值，AI签名生成一次需要消耗5点会员值。免费点会员值使用完成后需要付费使用。6元赠送60点会员值，会员季卡98元，解锁所有功能。

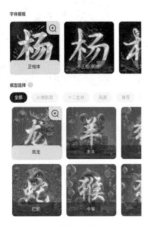

图 11-29   图 11-30

06　根据以上步骤再制作出多张姓名头像图像，并保存到手机中。

11.2.3　使用剪映工具生成引流视频

01　打开剪映，点击首页的"开始创作"按钮，将生成的姓名头像图像全部导入剪映中，此处导入了10张姓名头像图片，如图11-31所示。

02　利用剪映编辑视频，为视频添加合适的封面，转场特效和背景音乐。视频封面中的标题文字一定要引人注目；转场特效一定要酷炫带感，推荐使用"运动"转场，背景音乐也要偏大气酷炫风，如图11-32~图11-34所示。

图 11-31　　　　　　　图 11-32　　　　　　　图 11-33　　　　　　　图 11-34

03　制作音乐卡点效果。导入剪映后系统默认的每张图像时长为3s，可以点击每张图像后根据背景音乐节拍点控制每段图像的时长。

04　除此之外，也可以在剪映模板中搜索"头像类"相关模板一键成片。

05　视频完成后，导出保存到本地。

11.2.4　使用制作完成的短视频进行引流

将精心制作的短视频发布至各大自媒体平台，以此吸引流量并引导顾客进行消费，进而实现收益的增长。具体的引流与变现方式如下。

引流至私域领域

在各大媒体平台持续发布高质量的头像制作视频内容，以此塑造良好的品牌形象并增强用户黏性。同时，巧妙地在视频描述、评论区互动以及后台私信中引导粉丝关注你的个人微信号或其他私域流量聚集地。通过为用户提供个性化的姓名头像订制服务，按照服务次数和数量进行合理收费，从而实现个人收入的增加。

引流至直播间

利用持续发布的短视频将观众引流至直播间。在直播过程中，借助 AI 工具实时为赠送礼物的观众绘制个性化头像，并向直播间观众展示绘制效果，以此提升直播间的互动性和趣味性。此外，可以设置不同级别的礼物对应不同复杂度或订制程度的头像绘制服务。通过独特的直播内容结合 AI 头像绘制技术，以及精心设计的内容营销和直播间互动体验，有效地引导观众从观看视频过渡到参与直播，并最终吸引他们订制姓名头像，从而实现通过礼物打赏带来的收益提升。

11.3　AI舞蹈视频副业项目

11.3.1　项目分析及市场前景

利用 AI 技术生成舞蹈视频内容，已成为一种新颖且效果显著的账号涨粉策略。从粉丝需求的角度来看，现代社会生活节奏紧凑，压力沉重，使越来越多的人倾向于观看轻松愉快的娱乐性视频以缓解压力、调节情绪。AI 舞蹈类视频以其独特的娱乐性和观赏性，为粉丝带来了一场视觉盛宴，充分满足了他们的休闲娱乐需求。账号运营者可以准确把握这一需求，通过提供高质量的舞蹈视频内容来增强粉丝黏性，进而提升粉丝数量。

舞蹈类视频虽然并非新兴的短视频内容，但以往受限于制作者的专业技能和资源，难以实现大规模、高质量的发布。然而，随着 AI 技术的不断进步，这一难题已得到有效解决。如今，借助先进的 AI 技术，任何人都能轻松制作出逼真动人的舞蹈视频。

在具体操作上，AI 舞蹈视频副业项目主要利用 AI 技术生成一系列高质量的虚拟舞蹈视频，并通过各大短视频平台发布，以吸引更多粉丝关注。通过持续输出优质内容，提高账号的活跃度和影响力，从而实现粉丝数量的快速增长。当账号积累到一定量级的粉丝后，便可通过多种商业增值方式实现流量变现。

目前，已有不少自媒体从业者开始尝试将 AI 舞蹈视频作为"养号涨粉"的重要手段，并取得了显著的粉丝增长和经济收益，如图 11-35~ 图 11-37 所示。这一趋势预示着 AI 舞蹈视频在自媒体运营中的巨大潜力和广阔前景。

图 11-35　　　　　　　　图 11-36　　　　　　　　图 11-37

AI 舞蹈视频副业项目包含 4 个核心步骤。首先，需要利用诸如 LibLib AI、Midjourney、无界等 AI 绘画平台，精心生成独具魅力的舞者形象图片。这是整个项目的基础，舞者形象的设计和选择将直接影响后续舞蹈视频的吸引力和观众缘。

　　接下来，进入第二个步骤，即使用通义千问 AI 技术来生成舞蹈视频。这一步骤中，将充分利用 AI 的智能化和自动化特性，以之前生成的舞者形象图片为基础，制作出动感十足的舞蹈视频。

　　完成视频制作后，第三个步骤是定时定量地在各大自媒体平台发布这些视频。通过科学的发布策略和持续的内容更新，能够更好地吸引和保持观众的注意力，进而提升账号的影响力和粉丝数量。

　　最后，当我们的自媒体账号积累了一定的粉丝基础和观看量后，即可利用账号流量、广告合作、品牌推广等多种方式实现营收。这一步骤是整个副业项目的最终目标，也是我们前期所有努力的回报。

　　接下来，将对每个步骤进行详细的讲解，以帮助大家更好地理解和掌握这个副业项目的实施过程。

11.3.2　用 LibLib AI 生成舞者形象

01　进入 LibLib AI 首页，单击"在线生图"按钮，开始创作，如图 11-38 所示。

图 11-38

02　为了满足需求，需要精心设置参数，生成一幅精美的女性舞者全身形象图。首先，要参照图 11-39 和图 11-40 的参数调整图像尺寸，确保符合预期。在选择 CHECKPOINT 大模型时，必须使用写实类模型，以保证 AI 舞者形象的逼真度，为观众带来真实的视觉体验。同时，撰写提示词时要详细描述全身特征，确保生成完整的全身图。此外，务必开启"面部修复"和"高分辨率修复"功能，以维持人物形象的逼真和画质的清晰，避免出现形象扭曲或画质模糊的情况。最后，在设定图像比例时，要保证图像的高度足够，以充分展示舞者的全身优雅姿态。

图 11-39

图 11-40

03 单击上方的"开始生图"按钮，即可生成AI舞者图像，此处生成的图像如图11-41所示。

04 单击"保存到本地"按钮，保存图像。

图 11-41

11.3.3 用"通义千问"生成舞蹈视频

用"通义千问"生成舞蹈视频的具体操作步骤如下。

01 打开"通义千问"App，进入如图11-42所示的界面。

02 点击"一张照片来跳舞"按钮，或者在下方文本框中输入"全民舞王"，即可进入如图11-43所示的界面。

03 点击下方的"立即体验热舞"按钮，即可开始创作舞蹈视频，舞蹈模板中目前有"科目三""DJ慢摇""鬼步舞""甜美舞"等12个舞种，如图11-44所示。

04 此处选择了"DJ慢摇"的舞蹈模板剪同款，点击"上传图像"按钮，将用LibLib AI生成的图像上传，上传后的界面如图11-45所示。

图 11-42

图 11-43

图 11-44

图 11-45

05 点击下方的"立即生成"按钮，即可开始生成视频。需要注意的是，视频生成时间一般在14min左右，需要后台等待生成。此处生成的视频如图11-46和图11-47所示。

图 11-46　　　　　　　　　图 11-47

11.3.4　定时定量在自媒体平台发布视频

为了培养账号权重并快速增加粉丝数，将生成的 AI 舞蹈视频发布在媒体平台时，需要注意时间设定与定量控制。建议选择晚上 8 点到 12 点这一休闲时段作为固定的视频发布时间，以更好地匹配目标粉丝的活跃时段，提高视频的曝光率和互动性。同时，根据自身创作能力和平台推荐机制，合理确定发布频率，实现定量控制。这样做不仅能保证内容的质量和连贯性，还能有效吸引并留住粉丝，从而快速提升账号影响力和粉丝数量。

11.3.5　利用自媒体账号实现营收

当自媒体账号积累了一定的粉丝数量后，即可通过多种方式实现盈利。首先是广告分成，许多自媒体平台都设有广告分成机制，当你的 AI 舞蹈视频播放量达到一定规模，平台会在视频中嵌入广告，并根据观看次数、有效点击等因素与你分享广告收益。其次，商业合作推广也是一个重要的收入来源，可以通过制作植入式广告或与品牌合作订制舞蹈内容来获得收入，例如与舞蹈服饰品牌、音乐 App、健身设备商等进行合作，在视频中展示其产品，从而获取赞助费用。此外，知识付费也是一个可行的盈利方式，可以开设如"零基础制作 AI 舞蹈"等付费课程，粉丝需要支付费用才能学习完整教程。最后，直播打赏也是一个不可忽视的收入来源，通过线上直播 AI 舞蹈教学吸引粉丝互动，利用直播平台的礼物打赏功能实现盈利。这些方式共同构成了自媒体账号的多元化盈利模式。

11.4　制作新闻类视频

11.4.1　项目分析及市场前景

对于新闻类短视频而言，时效性至关重要，因为一旦错过热点，观看量就会大幅下降。然而，传统的短视频制作流程，包括撰写新闻稿和根据文字内容制作视频，耗时较长，影响了新闻的时效性。

AI 技术的运用为这一问题提供了有效的解决方案。AI 能够快速抓取大量热点文章，并一键生成新闻稿类文本，进而迅速生成完整的新闻类短视频。同时，AI 还能将新闻翻译成多种语言，从而打开更广阔的新闻市场。

AI 在新闻类短视频制作中的广泛应用，不仅大幅提升了行业效率，满足了自媒体、新媒体等渠道对大量内容的需求，更推动了媒体行业的数字化转型，使新闻内容的生产和传播更加灵活高效。

具体来说，综合运用 AI 工具制作新闻类短视频包含 4 个步骤：首先，利用“度加”生成热点新闻文章内容；其次，通过剪映中的“文字成片”功能一键生成视频；接着，在剪映编辑器中对视频进行润色和优化；最后，运用 Rask AI 生成多语种新闻视频。接下来，将详细讲解这 4 个步骤。

11.4.2 用“度加”生成热点新闻文章内容

01 进入“度加”首页，单击左侧菜单中的“AI成片”按钮，开始文案创作。具体生成过程前文已经讲过，这里不再过多赘述。此处生成的热点文章如图11-48所示。

上海S3高速多车事故，大雾天气让司机视线模糊不清，造成多车碰撞。

在2024年1月4日清晨，S3沪奉高速沪南公路出口处笼罩在一团神秘的雾气中。这团雾气厚厚地覆盖在高速公路上，使得驾驶员们的视线变得模糊不清。在这白茫茫的一片中，前方的路况变得模糊不清，后方的车辆也消失在浓雾之中。一时间，高速公路上的车辆都变得小心翼翼，生怕一不小心就发生了意外。然而，意外还是发生了。由于视线不佳，多辆车发生了碰擦事故。幸运的是，在这场事故中，没有人员伤亡。但这场事故仍然让人心有馀悸。对此事件，我们应该如何避免类似情况的发生？首先，遇大雾天气，请广大驾驶员在高速公路行驶时降速慢行、控制车距、点亮尾灯，保持谨慎驾驶确保安全。其次，可以打开雾灯和示廓灯，让别的车辆看到自己。

大雾天气行车安全第一，希望各位司机朋友们行车时注意安全，不要着急，保证自己和他人的安全才是最重要的！

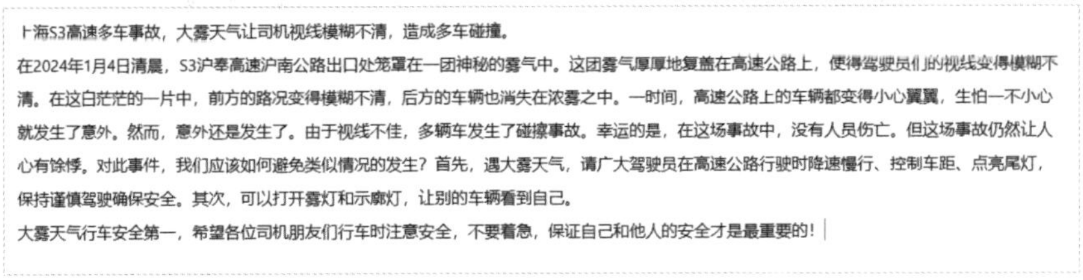

图 11-48

02 复制AI生成的新闻文本。

11.4.3 用剪映中的“文字成片”功能一键生成视频

01 打开剪映，单击“文字成片”按钮，再单击“自由编辑文案”按钮，将“度加”生成的文本粘贴到自由编辑文案的文本框中，如图11-49所示。

02 单击下方的“生成视频”按钮，即可一键成片，AI生成了一个1min 21s的视频，如图11-50所示。

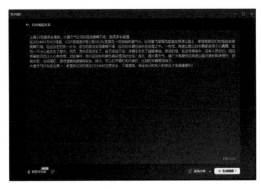

图 11-49

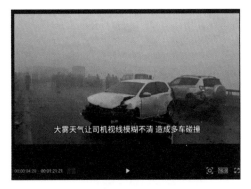

图 11-50

11.4.4 在剪映编辑器中润色视频

AI 生成的视频是根据素材库中的素材匹配拼接而成的，所以会出现文字和画面不匹配的情况，这就需要人工干预来替换相关素材。

　　视频素材画面完成后，根据需求调整其背景音乐、字幕、画面亮度或者添加数字人。以上内容在前面都已经讲过，这里不再过多赘述。视频润色完成后导出文件即可。此处导出的视频如图 11-51 所示。

图 11-51

11.4.5　用Rask生成多语种新闻视频

01 进入Rask首页，单击Upload video or audio按钮，上传从剪映中导出的视频，并完成相关设置，如图11-52所示。

02 单击下方Translate按钮，即可生成不同语言的新闻视频，如图11-53所示。

图 11-52　　　　　　　　　　　　　　　　图 11-53

03 在右侧编辑区单击Lip-Sync beta按钮，让视频中的讲话者的嘴部动作与翻译后的声音相匹配，以获得更好的配音效果。

04 单击右侧编辑区下方的Speakers voice按钮，选择讲话者的声音风格，选择Clone选项，使用原视频讲话者的声音，如图11-54所示。

图 11-54

05 选择配音风格后，单击Redub video按钮，重新为视频配音。

06 视频修改完成后，选择保存的视频类型，单击Download按钮保存生成的不同语言的新闻视频。

11.5 AI民间故事短视频副业项目

11.5.1 项目分析及市场前景

AI民间故事副业项目是当下短视频领域中流量和收益均较大且热门的副业变现项目，具备低成本高收益的潜力。

从故事题材的角度来看，民间故事深深扎根于中华民族的悠久文化中，承载着丰富的历史积淀和多元的价值观。它们生动地反映了社会的传统习俗、信仰体系以及道德伦理观念，以其独特的魅力能够触动人们内心最柔软的情感角落，唤醒集体记忆中共鸣的部分。在现代社会快节奏的生活中，这些故事为人们提供了一片情感的栖息地和精神的滋养源，让人们在忙碌之余能够找到源自传统文化的温暖与慰藉。

从内容呈现方式的角度来看，短视频形式非常符合现代快节奏生活下的信息消费习惯。通过将原本可能冗长复杂的民间故事精练成几十秒至几分钟的内容，短视频方便用户随时随地观看、理解和分享，完全符合当代用户快节奏的生活方式和碎片化的信息消费习惯。

从视频内容制作的角度来看，通过整合多个AI工具，我们可以高效地产出民间故事短视频。AI能够快速生成大量的文本内容，从而节省了人工编写故事所需的时间和精力。再通过AI将文字一键生成视频，整个制作过程既快速又方便。

从平台及市场环境的角度来看，短视频平台能够针对不同用户群体的兴趣偏好实现精准推送，从而增加用户黏性和观看时长。随着流量的增加，吸引到粉丝后，就可以进行流量变现。此外，短视频平台通常还会有创作者鼓励机制，如抖音的"中视频计划"和中视频号的"创作者分成计划"等，为创作者提供了更多的收益机会。

目前，在一些自媒体平台中，已经有许多人将AI民间故事副业项目作为一个副业项目来经营，并且已经实现了较高的流量变现。如图11-55~图11-57所示，这些成功案例为其他想要涉足此领域的人提供了有力的参考和借鉴。

图 11-55

图 11-56

图 11-57

　　AI 民间故事副业项目的步骤主要包括 4 个。第一步，使用"文心一言"生成民间故事内容；第二步，利用剪映的"文字成片"功能一键生成视频；第三步，通过 33 搜帧替换不合适的视频素材；第四步，将制作好的民间故事视频发布到自媒体平台。接下来，将对这 4 步进行详细讲解。

11.5.2　用"文心一言"生成民间故事内容

　　用"文心一言"生成民间故事内容的具体操作步骤如下。

01　进入"文心一言"首页，在文本框中输入关于创作民间故事的文字指令，如图11-58所示。

> 你是一位民间故事创作大师，请创作一个世俗爱情的故事，风格要离奇魔幻，故事人物不少于3个，人物性格要丰满，故事内容要贴近生活，情节夸张，1000字左右。

图 11-58

02　单击右侧箭头按钮，即可生成一个完整的故事。AI自动生成的部分故事内容如下所示。

　　题目：《仙缘之恋》

　　主要人物：

　　婉儿：美丽的农家女，纯真善良，手艺高超。

　　凌风：年轻的修仙者，英俊潇洒，但有些傲慢。

　　瑶姬：凌风的师妹，聪明机智，心地善良。

　　故事：

　　在遥远的古代，有一个叫作婉儿的美丽农家女。她家境贫寒，但双手灵巧，绣出的花朵栩栩如生，被誉为"绣花仙子"。一日，婉儿在山中采绣球花时，误入了一个神秘的修仙洞府。

　　洞府中，两位年轻的修仙者凌风和瑶姬正在修炼。凌风英俊潇洒，但性格傲慢，对凡人总是不屑一顾。瑶姬则心地善良，对婉儿照顾有加。

　　婉儿被洞府中的奇景吸引，决定留下来学习修仙之术。凌风虽然对婉儿心生厌恶，但在瑶姬的劝说下，也传授了她一些简单的法术。

　　渐渐地，婉儿与瑶姬成了无话不谈的好友。她们一起修炼、一起采花、一起分享心事。而凌风虽然表面上对婉儿冷淡，但心中却开始对她产生了微妙的感觉。

　　一日，修仙洞府遭到一群妖兽的袭击。婉儿、凌风和瑶姬共同抵抗妖兽，最终成功击退了它们。然而，在战斗中，婉儿不幸受伤，生命垂危。为了救婉儿，凌风决定冒着生命危险去寻找灵药。

　　在寻药的途中，凌风遇到了重重困难。他历尽千辛万苦，终于找到了灵药。然而，在返回洞府的路上，他却被一只凶猛的妖兽重伤。

03　如果对故事内容不满意可继续润色故事情节，故事优化完成后复制故事文本内容。

11.5.3　用剪映文字成片功能一键生成视频

　　用剪映文字成片功能一键生成视频的具体操作步骤如下。

01　打开剪映，单击"文字成片"按钮，再单击"自由编辑文案"按钮，将"文心一言"生成的故事文本粘贴到自由编辑文案的文本框中，如图11-59所示。

02 单击下方的"生成视频"按钮，即可一键成片，得到了一段时长为2:50的视频，如图11-60所示。

图 11-59　　　　　　　　　　　　图 11-60

11.5.4　用"33搜帧"替换不合适的视频素材

剪映 AI 生成的视频主要是基于素材库中的素材进行匹配和拼接的。因此，有时会出现文字和画面不匹配的情况。为了解决这个问题，我们需要进行人工干预，替换不匹配的素材。由于剪映素材库中的素材数量有限，我们可能需要借助 33 搜帧等工具来寻找并替换不合适的视频素材。具体的操作步骤如下。

01 在剪映中找到文字与画面不匹配的视频素材，并找出匹配画面的关键词。生成的故事文本中出现的是"有一个名叫婉儿的美丽农家女"，但是画面没能匹配到具体人物形象，如图11-61所示。

02 下载并安装"33搜帧"软件，安装后打开该软件进入如图11-62所示的界面。

图 11-61　　　　　　　　　　　　图 11-62

03 在文本框中输入需要匹配的素材画面的关键词，单击"搜索"按钮，出现了许多素材画面，如图11-63所示。

图 11-63

04　选择合适的素材进行"云剪切",将其导入剪映。

05　根据以上方法替换所有不匹配的画面。

06　润色视频,根据需求调整视频的背景音乐、字幕等。

07　视频优化后,保存视频。

11.5.5　将民间故事视频发布到自媒体平台

将制作完成的有关民间故事的视频发布至自媒体平台后,通过平台账号增加收益的方式主要有两种。

一是多平台发布策略。当自媒体账号积累了一定的粉丝基础后,便可以通过多种方式实现盈利,例如广告分成、商业合作推广、知识付费以及直播打赏等。这些方法的具体操作和应用已在前面详细讨论过,因此这里不再赘述。

二是参与平台的创作者视频计划活动。以抖音、西瓜视频、今日头条联合推出的"中视频伙伴计划"为例,中视频通常指的是时长在 1min 以上的视频内容。对于新人和初学者而言,制作中视频进行变现具有显著优势。这些平台鼓励创作者制作高质量的中视频内容,并为满足要求的账号提供播放量分成收益。也就是说,只要视频有播放量,创作者就能从中获得广告收入。播放量越高,收益也就越高。关于抖音中视频计划的具体示例,可以参见图 11-64 和图 11-65。通过这两种方式,创作者可以有效地将民间故事视频转化为实际的收益。

图 11-64

图 11-65

11.6　制作IP形象类视频

11.6.1　项目分析及市场前景

具有独特IP形象的短视频在吸引用户关注和形成粉丝群体方面具有显著优势。这种个性化的IP能够与粉丝建立深厚的情感联系，提高用户的忠诚度和黏性，进而促进粉丝对内容的持续关注和互动，最终转化为长期稳定的流量资源。

以抖音上的"一禅小和尚"为例，这一虚拟动画形象凭借其暖萌可爱的形象和充满好奇的性格，成功引发了观众的情感共鸣。在快节奏的现代生活中，它为人们提供了一种难得的心灵慰藉。视频内容通常蕴含生活哲理和人生智慧，通过简洁易懂的语言讲述故事，既具有娱乐性又富有教育意义，因此能够吸引不同年龄段的观众。在成功积累大量粉丝后，"一禅小和尚"这一 IP 进行了有效的商业开发，如开设抖音小店、联名合作、授权周边产品等，实现了 IP 变现，形成了一条完整的产业链。

对于这类 IP 形象类视频的制作，AI 工具发挥着举足轻重的作用。通过综合运用多款 AI 工具，可以确保 IP 形象类视频内容创作的质量和效率，从创意构思到最终视频输出的各个环节都能得到有力的支持。这使 IP 形象类视频的创作更加高效且贴近市场需求。

综合运用 AI 工具来制作 IP 形象类视频的步骤有 5 个，第一步，用 LibLib AI 创建 IP 形象；第二步，用智谱清言生成文案；第三步，用 TTSMAKER 为 IP 形象配音；第四步，用 HeyGen 让 IP 形象动起来；第五步，在剪映编辑器中润色视频。

11.6.2　用LibLib AI创建IP形象

进入 LibLib AI 首页，点击"在线生图"按钮开始创作，前面已经介绍过如何使用 LibLib AI 生成图像，这里不再赘述。此处想要创建一个小和尚的 IP 形象，可以通过 LibLib AI 来生成 IP 形象。

11.6.3　用"智谱清言"生成文案

进入"智谱清言"首页，创建新对话，在文本框中输入文字指令，生成想要的内容。需要注意的是，生成的文案风格一定要和自己创建的 IP 形象风格相契合，"什么形象说什么话"这对于 IP 形象类的短视频来说很重要。此处想要生成关于小和尚讲的关于人生的智慧话语，AI 生成的文案如下所示。

施主，人生之路漫长且充满挑战，如何在这纷扰复杂的世界中保持一颗智慧之心，确实是我们需要探讨的重要话题。

首先，我们要认识到世间万物都有其因果和规律。因此，学会珍惜眼前的人和事是至关重要的。许多纷扰和痛苦都源于贪嗔痴，唯有学会放下，我们才能明心见性，洞悉人生的真谛。

其次，培养感恩之心也是智慧生活的关键。我们应该感激遇到的每一个人、每一件事，包括挫折和失败，因为它们让我们学会坚韧和成长；同时，也要感恩成功和平淡，因为它们带给我们喜悦和珍视。只有心怀感激，我们才能在智慧的道路上不断前行。

再者，修身是我们在人生中的首要任务。一个内心强大的人才能在这个世界上稳稳立足。我们应该注重修养身心，从小事和身边的人做起。保持淡泊明志、宁静致远的心态，这样我们的心灵才能宁静，更好地洞悉世间万象、领悟人生真谛。

最后，我们需要记住人生没有绝对的对错，只有不同的观点。学会尊重、理解和包容他人是非常重要的。海纳百川、有容乃大，一个宽容的心态能让我们在这个世界上更加从容自如地生活。

人生如梦，一切都是过眼云烟。让我们珍惜眼前、拥抱当下，用智慧之心去感受生活的美好、去领悟人生的真谛。愿你的人生之路充满智慧之光。阿弥陀佛。

11.6.4　用TTSMaker AI为IP形象配音

进入 TTSMAKER 首页，将智谱清言生成的文案内容粘贴到 TSMaker 的文本框中，根据个人需求选择合适的配音风格，具体操作前面已经讲过这里不再赘述。需要注意的是，配音的风格也一定要契合 IP 的形象风格，比如此处生成的是关于小和尚的 IP 形象，所以要选择“纯粹”风格的配音。

11.6.5　用HeyGen让IP形象动起来

进入 HeyGen 首页后，可以利用 LibLib AI 生成的独特 IP 形象图像，在 HeyGen 平台上轻松创建专属的“订制数字人”。随后，可以将通过 TTSMaker 生成的配音文件无缝整合到该数字人中，为其注入声音与个性。关于订制数字人的具体操作方法，前文已有详尽说明，此处不再赘述。如今，众多账号上已经涌现出大量富有创意的 IP 形象，图 11-66 和图 11-67 便展示了完成后的精彩效果。

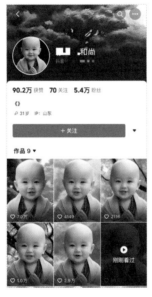

图 11-66　　　　　　　　　图 11-67

11.6.6　在剪映编辑器中润色视频

在剪映中整合优化 IP 形象类的短视频，根据个人需求添加具体的字幕、背景音乐等内容。需要注意的是，背景音乐等设置一定也要契合 IP 的形象，比如此处创建的是一个小和尚讲一些人生哲理的 IP 形象类短视频，所选的是舒缓的，能显示其智慧形象的背景音乐。编辑完视频后导出即可。

11.7　制作虚拟歌手唱歌类短视频

11.7.1　项目分析及市场前景

虚拟歌手是通过 AI 技术创造的、拥有数字化歌声且往往配备个性化虚拟形象的歌手。当前，虚拟歌手文化已在市场上发展为一个相当成熟的领域。举例来说，音未来（Hatsune Miku）和洛天依（Luo Tianyi）都是广受欢迎的虚拟偶像。随着人工智能技术的不断进步和广泛应用，普通人现在也能利用各类 AI 工具来创作自己的虚拟歌手，并通过发布音乐作品来吸引更多关注。一旦虚拟歌手获得足够的关注度和热度，其 IP 价值将大幅提升，进而可以进行一系列周边商品的开发，如手办模型、服装、文具、生活用品等衍生产品的生产和销售，从而为账号带来可观的营收。

若想要综合利用 AI 工具来制作虚拟歌手的唱歌类短视频，可以遵循以下两个步骤：首先，使用通义千问生成歌词文本；其次，利用唱鸭生成相应的歌曲音频。这两个步骤的结合将能够高效地创作出虚拟歌手的完整音乐作品。

11.7.2　用通义千问生成歌词文本

进入通义千问首页，在文本框中输入文字指令，生成想要的歌词。具体操作前面已经介绍过，这里不再赘述。需要注意的是，在输入文字指令时一定要告诉 AI 你想要的歌词的主题方向和风格类型。此处想要创作一首解压欢快风格的歌曲，输入的文字指令和 AI 生成的内容如图 11-68 所示。

图 11-68

11.7.3　用"唱鸭"生成歌曲音频

01　打开"唱鸭"App，把通义千问生成的歌词粘贴到唱鸭的文本框中。需要注意的是，唱鸭的歌词文本框有一定的字数限制，一定要控制输入的歌词字数，如图11-69所示。

02　自定义音乐风格，音乐风格要根据歌词风格进行定义，此处创作的歌曲的歌词偏欢快搞笑风格，故选择了"开心"风格的音乐元素模板，如图11-70所示。

图 11-69

图 11-70

03　选择合适的歌手。如果想要用自己的声音生成歌曲，也可以选择定制化音色，如图11-71所示。

04 点击"生成歌曲"按钮，即可生成想要的歌曲，再根据个人的喜好风格进行编辑优化即可。

05 确定最终音频呈现效果，点击"发布当前作品"按钮，并一键生成MV，如图11-72所示。

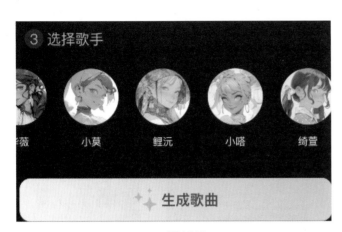
图 11-71

图 11-72

06 点击"发布"按钮，等待AI软件合成完毕，即可在MV下方进行分享或者保存，点击"抖音"等自媒体按
钮，即可发布到特定的平台。

11.8　制作萌宠类AI视频

11.8.1　项目分析及市场前景

　　萌宠类视频是以各种可爱、有趣的动物为主角，制作的短视频内容。这类视频不仅涵盖了猫、狗、兔子等家养宠物，还包括其他野生动物或农场动物的日常生活、训练过程以及才艺展示等。观众在观看这些萌宠们天真无邪、活泼可爱的表现时，往往会感到心情愉悦，从而有效缓解工作和生活中的压力。正因如此，萌宠类视频凭借其广泛的受众基础和高度关注度，已成为品牌营销和产品推广的重要渠道，同时也为创作者带来了显著的经济收益。

　　然而，拍摄宠物类视频并非易事，需要考虑到宠物的配合度，既费时又费力。幸运的是，随着 AI 技术的持续进步，"AI 宠物"应运而生，极大地简化了宠物视频的制作流程。这种新型的宠物视频不仅是技术创新的产物，还反映了现代数字化生活方式下宠物文化的新趋势。它不仅丰富了人们与宠物相关的娱乐和教育体验，还为市场带来了新的商业机会。

　　以小红书平台为例，一篇标题为"拥有烹饪技能的猫咪魅力十足"的帖子，凭借其展示的"猫咪做饭"的 AI 创作图像，赢得了超过 2.8 万个点赞和逾 4000 次的收藏。同样，在抖音平台上，一些创业博主通过开展 AI 猫相关的项目，也实现了视频浏览量和粉丝量的稳定增长，并取得了可观的商业收益。如图11-73~图11-75所示，这些成功案例充分展示了 AI 宠物视频的市场潜力和商业价值。

　　在制作萌宠形象类视频时，综合运用多种 AI 工具能够显著提升创作效率和视频质量。从初步的创意思考到最后的视频完成，AI 在每个环节都为我们提供了强大的助力，使萌宠形象类视频的制作更加高效，同时紧密贴合市场需求。

图 11-73

图 11-74

图 11-75

利用 AI 工具制作萌宠类短视频的步骤主要包括以下四步：首先，借助"通义千问""智谱清言"等 AI 写作工具，生成吸引人的视频文案；其次，通过 LibLib AI、"无界"、Stable diffusion、Midjourney 等 AI 绘画平台，创作出独特的宠物形象图片；再次，使用 Pixverse AI 技术，轻松地将这些图片转化为生动的视频片段；最后，在剪映编辑器中将所有元素巧妙地合成，打造出精彩的萌宠类短视频。

11.8.2　用"通义千问"生成文案

进入"通义千问"首页，创建新的对话。在文本框中输入指令，即可生成所需的内容。请确保生成的文案风格与宠物形象风格相吻合。以笔者为例，为了打造一个时尚穿搭的宠物猫形象，特意生成了与穿搭、潮流紧密相关的文案。通过"通义千问"获得了如下精心设计的文案。

在轻盈的猫步间，我这只热爱穿搭的猫咪深知，服饰的选择与搭配不仅承载着生活的艺术，更蕴含着深邃的哲学。穿搭，早已超越了满足基本需求的层次，它是个人品位的彰显，是情感的寄托，更是生活美学的具象化表达。

每一件我精心挑选的单品，无论是设计匠心独具的领结，还是柔软舒适的毛衣，都如同个性乐谱上的美妙音符。它们通过层次、色彩和材质的和谐组合，共同演奏出属于我个人的生活交响曲。

潮流如四季般变幻莫测，但真正的经典并非随波逐流，而是深掘并展现自我的独特魅力。简洁大方的设计理念，或者繁复精致的细节处理，皆可成为我塑造个人风格的坚实基石。我勇于拥抱变化，敢于挑战常规，同时始终坚守对品质与舒适度的追求。这样的穿搭智慧，才是永恒不变的时尚真谛。

因此，每当我面对满满的衣柜，都仿佛在进行一场深刻的自我对话。这是对内心世界的外化诠释，是对自我认知的不断探索。无论身处何种场合，无论身着何种装扮，只要内心充满自信与力量，任何搭配都能熠熠生辉。因为真正的时尚，是从内心深处散发出的独特气质，它由内而外地雕琢着每一个热爱生活的瞬间。

11.8.3　用LibLib AI生成宠物形象图片

进入 LibLib AI 首页，单击"在线生图"菜单，开始创作，前面已经介绍过如何使用 LibLib AI 生成图像，这里不再过多赘述。此处想要创建一个懂穿搭的猫咪形象，通过 LibLib AI 来生成 IP 形象，生成的形象效果类似图 11-76 所示。

图 11-76

11.8.4　用Pixverse让IP形象动起来

PixVerse 是一款免费且高质量的 AI 视频生成工具，只需通过简洁的文字描述或上传图片，便能轻松制作出高清、逼真的视频作品。以下是具体的操作步骤。

01　进入PixVerse首页，注册并登录账号，如图11-77所示。

图 11-77

02 单击右上方的Create按钮，即可开始创作，如图11-78所示。

图 11-78

03 该视频生成方式有两种，一种是Text（文字）文字生成，另一种是Image（图像）生成，因为之前用LibLib AI 已经生成了关于宠物的图像，所以选择Image（图像）生成。单击Image按钮，上传由LibLib AI生成的图像。在Prompt文本框中输入相关提示词，设置Strength of motion（控制画面运动幅度）值为0.55，相关设置如图11-79所示。

04 单击下方的Create按钮，即可生成视频，得到的视频效果如图11-80所示。

图 11-79

图 11-80

11.8.5 在剪映编辑器中润色视频

在剪映中，对萌宠类短视频进行整合和优化是一个简单又有趣的过程。首先，将视频素材导入剪映，并添加通过 AI 生成的精彩视频文案。接下来，可以根据个人喜好和需求，为视频添加特色字幕和背景音乐等元素。在选择背景音乐时，务必确保其风格与萌宠形象相契合。例如，如果创建的是一个会穿搭的时尚小猫形象类短视频，那么选择一段俏皮可爱的背景音乐将是一个绝佳的选择。完成所有编辑后，直接导出视频即可。这样，就能得到一段既有趣又专业的萌宠类短视频了。